枣阳微细粒难选原生金红石矿强化浮选分离机制

肖巍 著

北 京

冶 金 工 业 出 版 社

2019

内 容 提 要

本书以降低原生金红石矿选矿成本、消除环境污染、提高分选指标为出发点，运用常规微细粒矿物浮选方法对捕收剂、活化剂以及浮选流程进行优化，在优化后的浮选流程基础上引入纳米气泡对微细粒嵌布的金红石强化浮选分离机制进行研究，结果既提高了原生金红石矿浮选分离指标，又降低了浮选药剂成本，同时减少了含膦有机废水对水质的污染。

本书可供从事矿物浮选的研究人员和工程技术人员阅读，也可供污水处理、表界面化学等相关领域的研究人员参考。

图书在版编目 (CIP) 数据

枣阳微细粒难选原生金红石矿强化浮选分离机制 / 肖巍著 . —北京：冶金工业出版社，2019. 7
ISBN 978-7-5024-8148-3

Ⅰ.①枣… Ⅱ.①肖… Ⅲ.①金红石矿床—浮游选矿—工艺优化—枣阳 Ⅳ.①TD97

中国版本图书馆 CIP 数据核字（2019）第 106676 号

出 版 人 谭学余
地 址 北京市东城区嵩祝院北巷 39 号 邮编 100009 电话 （010）64027926
网 址 www. cnmip. com. cn 电子信箱 yjcbs@ cnmip. com. cn
责任编辑 高 娜 美术编辑 彭子赫 版式设计 孙跃红
责任校对 郭惠兰 责任印制 牛晓波
ISBN 978-7-5024-8148-3
冶金工业出版社出版发行；各地新华书店经销；三河市双峰印刷装订有限公司印刷
2019 年 7 月第 1 版，2019 年 7 月第 1 次印刷
169mm×239mm；8. 25 印张；159 千字；122 页
45. 00 元
冶金工业出版社 投稿电话 （010）64027932 投稿信箱 tougao@ cnmip. com. cn
冶金工业出版社营销中心 电话 （010）64044283 传真 （010）64027893
冶金工业出版社天猫旗舰店 yjgycbs. tmall. com
（本书如有印装质量问题，本社营销中心负责退换）

前　　言

综合我国原生金红石矿的特点，在诸多选矿分离方法中，浮选是回收低品位微细粒嵌布金红石矿最为有效的方法。原生金红石矿浮选理论和工艺的创新，特别是高效、无毒捕收剂和活化剂的选择，以及微细粒金红石的高效回收，是实现高效浮选分离、解决原生金红石矿选矿难题的关键。

针对我国金红石矿嵌布粒度细的特点和金红石选矿的关键，在强化普通浮选的基础上，采用纳米气泡强化微细粒金红石的浮选方案，使其达到满意的技术经济指标。在纳米气泡引入前，需要使普通条件下的浮选方案达到最佳的浮选指标，所以研究微细粒金红石浮选机制，以及纳米气泡对微细粒金红石浮选的影响行为机制具有重要的意义。

本书共分7章。第1章主要介绍我国金红石矿产资源分布及特点、金红石选矿研究进展、微细粒氧化矿浮选现状及存在问题、纳米气泡研究进展，以及本书内容研究的目的与意义。第2章主要介绍研究所需材料及研究方法。第3章主要介绍常见捕收剂对金红石和角闪石单矿物浮选行为的影响、铅离子和铋离子对金红石单矿物浮选行为的影响及活化作用机制。第4章主要介绍油酸钠和烷基羟肟酸组合捕收剂以及苯乙烯膦酸和正辛醇组合捕收剂对金红石矿浮选行为的影响、药剂制度对浮选行为的影响、油酸钠和苯乙烯膦酸在金红石和角闪石表面吸附机制及模型。第5章主要介绍原矿和精矿产品中金红石粒级分布，纳米气泡对枣阳原生金红石矿浮选行为的影响，纳米气泡的制备新方法，纳米气泡、表面活性剂以及矿物表面相互作用，矿浆条件对纳米气泡性质的影响。第6章主要介绍选矿废水中苯乙烯膦酸的回收和再利用。第7章为全书的总结。

　　在撰写本书的过程中，作者得到了中南大学生物冶金教育部重点实验室邱冠周院士、王军教授，中国科学院上海应用物理研究所生物物理部门胡钧研究员、李宾研究员，上海同步辐射光源 08U1A 线站张丽娟研究员、王兴亚博士等诸多老师的大力支持，在此一并向他们表示感谢。本书是作者主持和参与诸多科研项目研究成果的结晶，如中南大学研究生自主创新项目、中南大学贵重仪器设备开放共享基金、国家自然科学基金面上项目等。在此，衷心感谢国家自然科学基金委员会、上海同步辐射光源 08U1A 线站、中国科学院应用物理研究所、中南大学在研究经费上给予的大力资助。特别感谢西安建筑科技大学资源工程学院对本书出版方面给予的经费支持。

　　虽然作者在撰写过程中尽了自己最大的努力，但是由于水平所限，加上时间仓促，书中疏漏之处在所难免，敬请读者批评指正。

作　者

2019 年 4 月

目　录

1 绪　　论

1.1　我国金红石矿产资源分布及其特点

1.1.1　我国钛资源概况

在地壳中，钛的储量仅次于铁、铝、镁，居第四位。金属钛的物理化学性质具有高熔点、小密度、耐腐蚀、韧性好、抗疲劳、导热系数低、高低温度耐受性能好、在急冷急热条件下应力小等特点，从 20 世纪 50 年代开始逐渐被广泛地应用于航空、航天、航海等高科技及军事领域。金属钛由于其优良性质，其应用不断地向化工、石油、电力、海水淡化、建筑、日常生活用品等行业推广，从而日益被人们重视，有"现代金属"和"战略金属"的美誉，是国防装备建设中不可替代的重要战略物资[1,2]。

我国钛资源总量 9.65 亿吨，居世界之首，占世界探明储量的 38.85%，主要集中在四川、云南、广东、广西及海南等地，其中攀枝花西昌地区是我国最大的钛资源基地，钛铁矿资源储量达到 8.7 亿吨[3]。在我国钛资源分布中，金红石仅占总钛资源总量的 2%，且绝大部分为低品位原生矿石，其储量占全国金红石资源总量的 86%，而金红石砂矿仅为 14%[4]。湖北枣阳金红石矿是我国目前勘探程度最高的金红石原生矿床之一，属于特大型原生金红石矿，储量居亚洲第一。湖北省储委批准储量为 2.49 亿吨，金红石金属量 556.9 万吨[5,6]。

1.1.2　我国金红石资源概况

天然金红石由于 TiO_2 含量高、杂质少，是生产氯化法钛白粉和海绵钛最为理想的原材料。已探明我国金红石资源储量达到 1 亿吨，主要分布在湖北、河南、陕西、山东、湖南、安徽、山西等地区[7,8]。由于金红石型高档钛白粉以及高纯度海绵钛的市场需求量逐渐上升，从而引起对金红石矿的开采需求量也不断增加。由于国外金红石矿资源的不断开采，富矿和开采难度较小的矿床已经日益枯竭，金红石矿开采的成本日益增加，导致金红石矿原料的价格逐渐上涨。我国目前金红石年产量大约 2500 吨，其中 90% 以上来自于金红石砂矿，原生金红石矿的年产量仅为几百吨，远不能满足金红石型钛白粉和高纯度海绵钛市场的需求，供需矛盾非常突出。然而低品位原生金红石矿资源占我国金红石总储量的 86%，资源占有量与资源开发率之间存在较大的不平衡，所以对于原生金红石矿的开发与利用是解决我国金红石和钛白粉市场供需矛盾最为有效的方法[9,10]。

我国金红石矿床的嵌布特点不尽相同。八庙-青山金红石矿床嵌布特点是：金红石矿颜色一般较浅，含铁量较高时为棕红色或黄棕色；金红石单体颗粒一般较细，当与脉石矿物呈假晶包裹时，嵌布粒度更细；分布在黑云母、角闪石晶间；细脉矿产出的金红石一般具有黑边，主要是由于含铁高。河南方城金红石矿床嵌布特点是：矿物组成相对简单，但金红石颗粒结晶细小，并且与含铁矿物和脉石矿物嵌布关系密切[11]。四川会东金红石矿床嵌布特点是：金红石矿品位高，TiO_2 含量大于 4%，但嵌布粒度小于 12μm 的占 90% 以上。山西代县金红石矿床嵌布特点是：矿石中金红石的含量较低，TiO_2 品位仅为 2.06%；金红石产出形态较复杂，常沿脉石矿物片理及裂理嵌布，并且金红石嵌布粒度不均匀，在 -0.038mm 粒级中，金红石的含量高达 18.01%；要使金红石矿物充分单体解离，很容易产生过磨的现象[12]。

总体来说，我国原生金红石矿的共同点是：原矿品位较低，金红石 TiO_2 的含量在 2%~4% 之间，一般有磁性含铁矿物伴生。例如，钛铁矿、钛赤铁矿、赤铁矿、磁铁矿等，脉石矿物一般为角闪石、绿帘石、绿泥石、石榴子石等易产生矿泥的硅酸盐矿物，金红石嵌布粒度细，并与其他矿物共生关系复杂。因此我国原生金红石矿的选矿工艺非常复杂，一般需要采用两种以上的选矿手段相互联合的工艺流程，并且大部分原生金红石矿的结晶粒度都非常细，与脉石矿物共生关系复杂，导致其选矿工艺技术难度较大，造成我国虽然原生金红石矿资源储量大而金红石年产量低的资源开发现状[3,9,11]。

尤其是枣阳大阜山金红石矿，其金红石储量高达 2.49 亿吨，其中 TiO_2 含量达到 572 万吨，是我国目前探明储量最大的原生金红石矿床之一[5]。枣阳原生金红石矿属于富含金红石的变质基性岩原生矿，有用矿物主要为金红石，有少量钛铁矿、白铁矿、磁铁矿、黄铁矿、榍石、磷灰石等矿物伴生。脉石矿物主要为角闪石、石榴子石，其次为绿帘石、绿泥石、云母、长石、石英等。金红石嵌布粒度细，分布不均匀，一般粒径为 0.03~0.10mm，最大可达 0.788~0.95mm，最小为 0.005mm。有用矿物与脉石矿物密度差异小，其顺序由大到小为钛铁矿、金红石、石榴石、角闪石、绿帘石。部分金红石与钛铁矿相互包裹，金红石中钛含量占包裹体中钛总量的 15%~20%。原矿中绿泥石和绿帘石等容易引起二次泥化的矿物含量较高[13~16]。

针对我国金红石矿嵌布粒度细的特点，金红石选矿的关键是解决微细粒矿物的回收问题，在强化普通浮选的基础上，采用纳米气泡强化微细粒金红石的浮选方案，使其达到满意的技术经济指标。在纳米气泡引入之前，需要使普通条件下的浮选方案达到最佳的浮选指标，所以研究微细粒金红石浮选机制以及纳米气泡对微细粒金红石浮选的影响行为机制具有重要的意义。

1.2 金红石矿选矿研究进展

1.2.1 国外金红石矿选矿研究进展

国外开发利用的金红石矿资源以海滨砂矿为主，其分离提纯的方法以重选、电选和磁选为主，有时也需要采用浮选工艺。

Terzi 等[17]调查了来自 Mugla Turkey 长石浮选尾矿中金红石回收的预处理方法。采用重选的分离方法，使用振动台和多个分离器对长石尾矿中金红石的分离进行试验研究，考查了矿物颗粒尺寸范围、密度、振动台的频率、水流速度以及振动台坡度对金红石回收的影响。研究结果表明：长石尾矿中含有金红石 TiO_2 品位为 1.90%，在振动台试验中可以得到品位为 11.26%、回收率为 50.43%的 TiO_2 粗精矿，并且联合多重力分离器，最终可以得到品位为 17.11%、回收率为 89.33%的金红石精矿。所以，他们认为重选分离是可以实现从长石尾矿中回收金红石的预处理方法。

Venter 等[18]研究了表面杂质对锆石和金红石电选分离的影响。锆石和金红石表面被酸处理后，其表面杂质浓度发生变化，导致这两种矿物的导电性差异增加，从而改进了电选分离效率。Struthers 和 Hayes[19]研究了金红石和锆石的电选过程中热处理对其分离效果的影响，结果显示：加热温度、加热时间以及气体环境对金红石的导电性有明显的影响。在最佳的条件下，金红石的导电性要远高于锆石，极大限度上提高了金红石的分选效率。

Chachula 等[20]使用磁选和反浮选的分离手段对来自加拿大阿萨巴斯卡油砂尾矿的金红石精矿进行提纯。结果表明：首先使用磁选去除含铁矿物，在非磁性产品中 Fe_2O_3 的含量从 18.7%下降到 0.77%，但是 SiO_2 含量从 1.94%上升到 6.01%，其中 TiO_2 的含量从 75.5%增加到 86.4%。然后使用反浮选的方法去除非磁性产品中含硅矿物，最终得到 TiO_2 含量为 89%，SiO_2 含量为 4.84%的精矿产品。Liu 和 Fridlaender[21]使用高梯度磁选机对非磁性的金红石和石英进行分离试验，在 pH 值大于 3.5 时，磁化剂可以选择性吸附在金红石表面，在适合的磁场强度和流速下可以实现金红石和石英的分离。

Bulatovic 和 Wyslouzil[22]研究了火成岩和沉积岩矿石类型中金红石、钛铁矿和钙钛矿等矿物的浮选特征，发现矿浆 pH 值、浮选前的预处理以及捕收剂的种类等都对这几种矿物的可浮性有较强的影响。结果表明：矿浆经磁选和脱泥后，在酸性条件下使用膦酸酯和琥珀酰胺酸酯作为混合捕收剂对金红石的浮选效果最佳。Bertini 等[23]合成的 3,4-亚甲基-苄基丙烯酸酯和丙烯酸共聚物在优化 pH 值的条件下，可以使金红石和钛铁矿发生选择性絮凝。沉降试验结果显示，在酸性条件下，合成的共聚物可以使微细粒金红石或者钛铁矿形成稳定的絮团，而不会使其共生的脉石矿物（如石英、角闪石等）发生絮凝，有利于微细粒含钛矿物的分离。

1.2.2　国内金红石矿选矿研究进展

　　山西某原生金红石矿矿物组成相对简单，主要金属矿物为金红石、钛铁矿、磁铁矿以及少量黄铁矿，脉石矿物以闪石、滑石和绿泥石为主。金红石的嵌布粒度较粗，磨矿细度为-0.074mm 占 50%左右时金红石基本完全解离。原矿中 TiO_2 含量为 2.09%，采用两次浮选抛尾—金红石浮选（一次初选，两次精选）—浮选精矿除杂（弱磁选—强磁选—重选）的分离富集方案，最终获得精矿 1 中 TiO_2 品位 89.58%、回收率 46.84%和精矿 2 中 TiO_2 品位 80.53%、回收率 22.41%的产品[24]。

　　湖北枣阳大阜山原生金红石矿中金红石 TiO_2 含量为 2.43%，其他含钛矿物为钛铁矿和榍石，角闪石是主要的脉石矿物，含量为 67.33%，其次为钙铁榴石、绿帘石、绿泥石、黏土等。大冶有色设计院孙小俊等[14]利用高梯度中强磁选预富集工艺对该矿进行预处理，试验采用 1 粗 1 扫高梯度中强磁选抛尾流程，抛尾率可达 29.16%，精矿中金红石含量为 3.07%，回收率为 89.50%。中南大学王军等[13]针对枣阳原生金红石矿的特点，采用磁选—重选—浮选相结合的工艺流程可得到 TiO_2 含量 70.98%、回收率 88.60%的浮选精矿，经磁化焙烧-酸洗后，最终可以得到品位为 89.53%、回收率为 74.78%的金红石精矿产品。

　　2012 年 2 月 7 日，大冶有色集团控股有限公司与枣阳市人民政府，在武汉市隆重举行了关于综合开发大阜山金红石矿的签字仪式。枣阳大阜山金红石矿项目将采用世界先进工艺，可年产高档优质钛白粉 2 万吨、优质海绵钛 2 万吨[6]。

　　河南变质型金红石矿床分布较广，主要可以划分为方城、西峡、新县三个较大的金红石成矿带。方城金红石矿金红石 TiO_2 含量为 2.09%，由嵌布粒度为 0.01~0.2mm 不等的细粒、微细粒颗粒组成，矿物组成复杂。金红石和脉石矿物之间主要存在两种共生关系：一是以呈短柱状和粒状与角闪石、钛铁矿、绿帘石共生，其存在比例约为 40%；二是以显微粒状形式分布在脉石矿物颗粒之间，其比例约占 60%，偶尔可见包裹体[25]。高利坤等[26]利用重选—磁选—酸洗—重选—电选联合工艺流程，最终获得金红石精矿 1 品位 92.16%、回收率 65.26%和精矿 2 品位 80.44%、回收率 10.01%的产品。梁景晖等[27]利用磁选方法对连续浮选精矿中金红石再提纯，精矿中主要矿物为金红石，其次是钛铁矿，剩余有少量榍石和脉石矿物等。结果显示磁选精矿中金红石 TiO_2 品位从 56.02%上升到 82.85%，但是该磁选流程的精矿中 TiO_2 回收率仅为 75.78%，回收率低的主要原因为金红石和钛铁矿单体相互连生，导致单体解离度不够而难以分选。

　　四川会东金红石矿金红石 TiO_2 含量为 4.20%，主要含钛矿物为金红石、锐钛矿、钛铁矿和榍石，主要脉石矿物有绢云母、绿泥石、石英、赤铁矿、褐铁矿、黄铁矿、黑云母、碳质、泥质等。矿物关系密切，嵌布粒度均较细，其中金红石产出粒度小于 0.01mm 占 65.4%，与含钛矿物主要连生的脉石矿物粒度一般分布在 0.015～0.025mm 之间[28]。张宗华等[28]采用重选—酸洗—电选的工艺流程，最终获得精矿 1 品位为 90.16%、回收率 34.35%，精矿 2 品位 81.07%、回收率 9.27%，精矿 3 品位 63.57%、回收率 4.34% 的产品。试验结果表明，该金红石矿属难选金红石矿，但采用先进的高梯度磁选、离波摇床以及 12 万伏超高电压悬浮电选机等新的专利技术和专用设备后，使得该金红石矿分选成为可能。

山西代县辗子沟金红石矿金红石 TiO_2 含量为 1.92%，属于低品位金红石矿，但是该金红石矿易采、易选，且储量丰富，金红石嵌布粒度较粗，钛铁矿和磁铁矿综合回收利用成本低[29]。曲升[30]使用螺旋选矿机，入选物料经水力旋流器分为沉砂和溢流两个宽粒级，分别使用摇床对沉砂和溢流进行分选，这段精矿合并，再使用弱磁选、强磁选进行精选，最终得到 TiO_2 品位 93.06%、回收率 76.93% 的金红石精矿产品，综合回收钛铁矿精矿 TiO_2 品位 53.70%、回收率 12.22%。

河北涞水金红石矿金红石 TiO_2 品位 3.2%，为地表已风化的含金红石云母片岩，主要含钛矿物为金红石，主要脉石矿物为黑云母、白云母、黏土矿物、石英等。该矿中金红石嵌布粒度细，且分布不均匀，其中大于 0.074mm 的仅占 12.63%，小于 0.010mm 粒级的高达 22.28%[31]。王宝娴采用重—浮—介电射频选矿联合工艺流程，可以得到精矿 1 品位 85.64%，回收率 22.47%；精矿 2 品位 80.22%，回收率 17.53% 的金红石精矿产品。通过改进介电射频选矿工艺，可以提高金红石的回收率[31]。

江苏东海榴辉岩型金红石矿金红石 TiO_2 含量 2.8%，主要脉石矿物为绿辉石和石榴石，其他脉石矿物含量较少。金红石主要以粗颗粒形式产出，主要在石榴石颗粒间隙和石榴石与绿辉石颗粒间隙之中进行分布，部分与石榴石和绿辉石形成包裹体，且这部分金红石颗粒较细[32]。王勇海[33]采用"易浮石榴石优先浮选—石榴石金红石混合浮选—混合精矿分离"的浮选工艺实现金红石、石榴石和绿辉石的高效分离以及综合回收。在浮选—脱泥—浮选—磁选联合流程闭路试验中，最终得到金红石 TiO_2 品位 91.00%、回收率 68.11% 的精矿产品，并且综合回收了石榴石和绿辉石，其中石榴石精矿含石榴石 92%、回收率 90%，绿辉石精矿含绿辉石 90%～95%、回收率 90%。

陕西安康大河金红石矿金红石 TiO_2 含量 2.52%，该金红石矿的矿物组成复杂，含有多种可回收的矿物，主要为金红石，其次为磁黄铁矿和黄铁矿。金红石主要以它形、半自形粒状及粒状产出，与脉石矿物嵌布密切，粒度较细，分布较为均匀。罗立群等[34]采用阶段磨矿、重选—浮选联合的全湿法流程回收该矿中有用矿物，最终得到 TiO_2 品位为 87.42%、回收率为 66.04% 的金红石精矿产品，同时可以获得含硫 35.29%、含铁 51.84% 的硫化铁副产品。

虽然我国原生金红石矿资源较为丰富，但是其矿物组成复杂、原矿品位低、嵌布粒度细、共生关系复杂、易泥化等[35~37]，因此在原生金红石矿选矿过程中通常使用两种以上的选矿方法组成的联合选矿工艺流程。主要联合工艺有：重选—磁选—浮选流程、浮选—磁选流程、浮选—磁选—焙烧—酸洗流程、粗粒级重选—磁选，细粒级浮选—磁选流程、重选—磁选—浮选—电选—酸洗流程等[10]。

1.2.3　原生金红石矿浮选研究进展

综合我国原生金红石矿的特点，在诸多选矿分离方法中，浮选是回收低品位微细粒嵌布金红石矿最为有效的方法。原生金红石浮选理论和工艺的创新，特别是高效、无毒捕收剂和活化剂的选择，微细粒金红石的高效回收是实现高效浮选分离、解决原生金红石矿选矿难题的关键。

中南大学朱建光[38]对金红石矿浮选捕收剂和调整剂进行了综述，在捕收剂方面介绍了脂肪酸、美狄兰、苄基胂酸、苯乙烯膦酸、烷胺二甲膦酸、烷基膦酸氢脂、烷基羟肟酸和水杨羟肟酸等对金红石的捕收性能以及环境方面的影响。作者认为脂肪酸类捕收剂捕收能力强、选择性差，只有对脉石矿物结构简单，只含石英为主要脉石的金红石矿浮选，才能得到较好的浮选指标。苄基胂酸对金红石有较强的选择性，带负电的胂酸根与带正电的钛位点发生化学反应，生成难溶性的盐而吸附在金红石表面，苄基疏水而起捕收作用，然而苄基胂酸毒性大，即使与脂肪酸、羟肟酸混用环境也会造成很大的污染。苯乙烯膦酸可以作为苄基胂酸的替代品，对金红石的选择性要强于苄基胂酸，与正辛醇混合使用能大幅提高金红石的浮选指标并且降低苯乙烯膦酸的用量。然而苯乙烯膦酸对含钙矿物有很强的捕收能力，所以对于含方解石较多的金红石矿效果不好。苯乙烯膦酸由于药剂用量大，生产成本高而限制了其大规模的推广使用。烷胺二甲膦酸和烷基膦酸氢脂对金红石的捕收能力和选择性都很强，但是仅仅只是停留在实验室阶段。羟肟酸类捕收剂的选择性要优于脂肪酸，比苯乙烯膦酸要弱些，毒性小，但是价格远高于脂肪酸，一般与脂肪酸组合使用。

Li 等[36]研究了邻苯羟基羟肟酸作为捕收剂时，Pb^{2+} 离子对金红石浮选的活化作用机制。结果显示，Pb^{2+} 离子在金红石–水界面上的吸附，Pb^{2+} 离子以 $PbOH^+$ 阳离子的形式吸附在金红石表面，并与金红石表面的 Ti—OH 发生反应，生成 Ti—O—Pb^+ 的化合物。这种化合物生成后能促进邻苯羟基羟肟酸捕收剂的吸附，进而提高金红石的浮选回收率。

Wang 等[39]研究壬基异羟肟酸对金红石浮选作用机制时发现，壬基异羟肟酸中的两个氧原子与金红石表面的钛原子形成一个五元环的螯合结构，这个结构的稳定性对金红石的可浮性有一定的影响。动电位测试、红外光谱分析以及溶液化学组分计算结果表明，壬基异羟肟酸在金红石表面既发生了以静电相互作用为主的物理吸附，也发生了化学吸附，并以化学吸附为主导。

Graham 和 Madeley[40]使用十二烷基磺酸钠浮选金红石矿，发现当矿浆 pH 值范围在 1~7 时，十二烷基磺酸根阴离子在金红石表面的吸附量随着矿浆 pH 值的增加而降低，从而引起金红石的浮选回收率发生相应的变化。

Liu 和 Peng[41]为了寻找苄基胂酸的替代品，研究了油酸钠、月桂酸钠、十二烷基磺酸钠、氨基酸类衍生物、双膦酸和苯乙烯膦酸对枣阳原生金红石矿的捕收性能，发现苯乙烯膦酸是最佳的原生金红石矿浮选的捕收剂，苯乙烯膦酸与正辛醇以质量比 1∶1 混合作为捕收剂时，浮选效果更佳。他们[42]认为混合捕收剂之间的协同作用是苯乙烯膦酸优先在金红石表面发生化学吸附，正辛醇与苯乙烯膦酸相互联结，其疏水基指向水相，从而增加了金红石表面的疏水性，提高了浮选回收率。

梁倩楠等[43]在浮选动力学的基础上研究了金红石浮选工艺，充分利用金红石和脉石矿物的浮选速度差异，实现原生金红石矿的浮选分离。通过控制粗选、扫选时间，中矿单独再处理等方法，开路实验最终可以获得 TiO_2 品位为 70.00%、回收率为 55.67% 的金红石精矿产品。

Xiao 等[37]研究苯乙烯膦酸作为金红石浮选捕收剂时，最佳浮选 pH 值范围为 2~3，此 pH 值范围内铅离子不能作为活化剂使用。铅离子作为活化剂时，金红石单矿物的浮选回收率由 61% 增加到 64%，然而铋离子作为活化剂时，金红石单矿物的浮选回收率增加到 90%。他们发现酸性条件下铋离子活化金红石浮选的机制类似于中性环境下铅离子的活化机制，铋离子以羟基化合物（$Bi(OH)_n^{(3-n)+}$）的形式吸附在金红石表面，并与羟基化的金红石表面发生质子取代反应，生成 $Ti—O—Bi^{2+}$ 的化合物。

高利坤[10]以陕西商南原生金红石矿为研究对象，提出"先抑制金红石反浮选，再活化金红石正浮选"的"分步浮选工艺"。他认为硫酸铝对金红石有非常强的抑制作用，但是能活化脉石矿物斜长石、绿泥石的浮选，被活化的斜长石和绿泥石在油酸钠的作用下选择性疏水凝聚，而金红石亲水分散；硝酸铅能活化被硫酸铝抑制的金红石，在烷基羟肟酸钠的作用下能疏水上浮。

1.3 微细粒氧化矿浮选现状及存在的问题

近年来矿物资源的"贫、细、杂"已经成为矿物加工领域的瓶颈，这些资源的有效利用的前提是通过细磨使有用矿物充分单体解离，一般颗粒的粒度都在 5μm 以下，远小于常规浮选作业的入选粒度下限，从而导致大量有用资源的流失[44~48]。我国是一个矿物资源消耗大国，每年由于颗粒过细而无法选别的资源占了相当一部分的比例，损失惊人。微细粒矿物的主要特点是粒度小、质量小、比表面积大、表面能高，在浮选过程中有两大影响（如图 1-1 所示）：一是由于矿粒质量小且粒度小，使得其在矿浆中运动的动能比较小，对于矿粒与气泡之间存在的能垒较难克服，因此微细颗粒与气泡的碰撞和黏附的概率较低，导致浮选回收率较低。然而微细颗粒一旦与气泡碰撞发生黏附，又很难脱落，进而夹杂进入精选的脉石矿物后又随着水流进入泡沫层，导致精矿品位降低。二是由于大的比表面积和高的表面能使得微细颗粒在矿浆溶液中极不稳定，它们迫切希望与其他的微细矿物或者是表面活性剂发生吸附以降低自身高的表面能，这样导致了不同颗粒间团聚及颗粒与气泡无选择性的非接触黏着大量存在，影响精矿质量，而且会大大增加浮选药剂用量，增加选矿成本[44,49]。

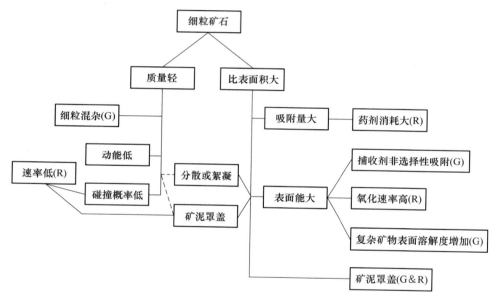

图 1-1　微细颗粒的基本物理化学性质与浮选行为的关系示意图[50]
（G 和 R 分别表示对品位和回收率的影响）

1.3.1　颗粒和气泡尺寸大小在矿物浮选中的影响

　　颗粒大小是矿物浮选中一个重要的参数，近几十年来一直是矿物浮选研究的重点。微细粒和粗颗粒的浮选回收率通常非常低。粗颗粒主要是因为气泡-颗粒的黏附作用不足以克服颗粒的重力以及矿浆中的扰流作用，而在随着气泡一起上升到泡沫阶段时就发生明显的脱落或者气泡破裂的行为而导致浮选回收较低。气泡-颗粒聚集体的稳定性取决于颗粒大小、颗粒表面疏水性和外部机械力。即使在细粒子的浮选中，气泡-颗粒脱附也能显著地影响在剧烈搅拌的浮选槽中的矿物颗粒的浮选动力学过程[51~53]。

泡沫浮选是处理微细矿物颗粒非常高效的物理分离方法，它是基于矿物颗粒表面疏水性的差异，矿浆中疏水性的矿物颗粒选择性地黏附在气泡上。附着在气泡上的疏水性颗粒会随着气泡的上浮而被带到矿浆表面并被移走，而那些完全被润湿的亲水性颗粒则停留在液相中，从而达到目的矿物颗粒与脉石矿物颗粒分离的效果。泡沫浮选可广泛地应用于固体颗粒之间的分离，从矿物分离到废水去污和土壤修复。泡沫浮选是连续百年发展的突出成果之一，为原料产业的大规模扩张做出了不可估量的贡献，在从最复杂的矿石中回收有价值的矿产资源方面取得了巨大的成功。在矿物加工工业中，泡沫浮选还可以通过去除含硫磷矿物、砷和其他有害空气或水污染物的元素来提供许多环境效益。一般来说，浮选可以在宏观上分为两个过程；利用气泡选择性地捕获疏水性颗粒，并从亲水性颗粒中分离疏水性颗粒-气泡的聚集体。在矿物颗粒的泡沫浮选中，颗粒的大小和表面疏水性的强弱是影响泡沫浮选过程中三个关键机制的两个主要参数，即颗粒-气泡碰撞、颗粒-气泡黏附和脱附，如图1-2所示。

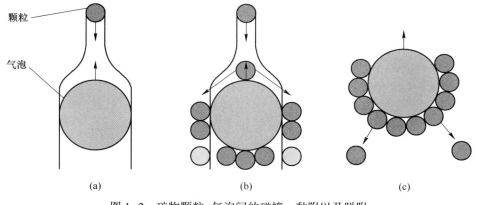

图1-2 矿物颗粒-气泡间的碰撞、黏附以及脱附

（a）碰撞；（b）黏附；（c）脱附

微细矿物颗粒浮选回收率低的主要原因是气泡-颗粒的碰撞概率较低，而粗矿物颗粒浮选回收率较低的主要原因是颗粒-气泡脱附可能性较大[54,55]。通过气泡有效地捕获矿浆中疏水性颗粒是矿物浮选的关键。浮选机应该设计为从亲水性的矿物颗粒中捕获和运输疏水性颗粒提供最佳的环境，对捕获地点和方式的了解，显然是更科学的浮选槽设计方法的第一步[56]。

1.3.2 颗粒与气泡尺寸对碰撞概率的影响

在浮选矿浆中，一个矿物颗粒与一个气泡相互碰撞，这是由浮选环境的流体动力学决定的。流体动力学的相互作用在碰撞效率中占主导地位，而界面力在黏附效率中起着重要的作用。气泡-粒子聚集体的稳定性是流体动力学和界面力的函数。碰撞的概率（P_c）可以从流体力学函数中计算出静止状态。由 E_q 预测，P_c 随着颗粒大小的增加和气泡大小的减小而增加。微细颗粒的动量很低，导致与气泡碰撞的可能性较低，因此很难被常规的气泡所捕获[57,58]。

$$P_c = \left[\frac{3}{2} + \frac{4Re^{0.72}}{15} \right] \left(\frac{D_p}{D_b} \right)^2 \tag{1-1}$$

式中　　D_b——气泡的直径；

D_p——颗粒的直径；

Re——雷诺数。微细颗粒较低的动量是导致其低浮选回收率的主要原因。图 1-2 还表明，在液体中产生的纳米气泡会增加粒子的碰撞概率。致密分布的纳米气泡的存在是粒子碰撞概率较高的原因。

1.3.3　在浮选中颗粒大小的限制

泡沫浮选过程是基于矿物颗粒表面疏水性差异而形成的分离技术[59]。浮选设备的分离效率由矿石的进料特征及浮选过程的操作参数决定，包括浮选药剂与矿浆之间的调控，空气与疏水性颗粒之间的接触、黏附、脱离，以及空气泡的尺寸[60]。泡沫浮选分离的过程比其他的分离工艺，例如，摇床、高梯度磁选分离以及油团聚分离，更加经济和有效。然而，泡沫浮选分离对尺寸大小分布在 10~150μm 的矿物颗粒有较高的效率，对于 10μm 以下的细粒级矿物分离效率急剧下降[9,53,57,61,62]。国内外有很多研究者将纳米气泡应用于浮选方面，并取得了一定的成果[63~65]，但是对于纳米气泡的低能高效发生装置以及在浮选过程中的影响机制缺乏合理的解释。如果这些问题得以解决，那么全球的矿产资源的利用效率就会大幅增加。因此，对于低能高效纳米气泡发生装置，以及与浮选设备的连用和纳米气泡在浮选过程中的界面物理化学反应及其动力学过程，具有重要的理论价值和实践意义，研究成果一方面可以提高微细粒氧化矿的利用效率，另一方面可以为解决纳米气泡浮选应用中效率低、能耗高的难题奠定基础，对于研究纳米气泡浮选工业化条件下微细粒矿物浮选技术具有重要理论指导意义，项目成果将在微细粒矿物的大规模低成本的纳米气泡浮选技术开发中得到应用。

纳米气泡是指小于 500nm 的微小气泡，它可以通过水力空化法、超声空化法以及溶解空气加压-减压法产生[66]。纳米气泡优先在疏水性颗粒表面成核，这是由于在疏水性固体颗粒表面和水之间的黏滞力（W_a）[67]。

$$W_a = \gamma_1 (1 + \cos\theta)$$

式中，γ_1 和 θ 分别表示水的表面张力以及接触角。所以 W_a 总是小于水的黏滞力或者 $2\gamma_1$。此外随着固体颗粒表面疏水性的增加（通过接触角表示）W_a 逐渐降低，所以即使不存在碰撞过程，微细粒矿物也能够和纳米气泡发生黏附。纳米气泡吸附在微细矿物颗粒表面提高了颗粒与气泡的黏附概率并且降低了捕收剂的消耗。此外，由于其上升的速度较低，以及与分离过程相关的离心力，被黏附的矿物颗粒不太可能从较小的气泡中分离出来，从而降低了矿物颗粒脱附的可能性。

纳米气泡发生器的作用是产生高浓度的纳米气泡并应用于矿物浮选。黏附了纳米气泡的微细矿物颗粒更容易黏附大气泡，从而进入浮选泡沫中。纳米气泡起到了连接微细颗粒和常规尺寸气泡的桥联作用，使得浮选过程得到了优化。

1.4 纳米气泡的研究进展

当一个矿物颗粒完全浸入在水中时，一般会认为矿物颗粒的表面与水完全接触，但是事实并非完全是这样的，特别是矿物颗粒表面存在一定疏水性时，颗粒的表面则不容易被水完全润湿。近二十几年来，研究者发现在疏水性的颗粒表面与水之间存在纳米气泡和纳米气层，以及纳米气泡和纳米气层的结合体，除此之外还发现有其他纳米尺度的气泡集聚体。

纳米气泡是指由溶解度较小的气体形成纳米尺度的气泡，这些气体一般为空气、N_2、O_2、H_2、He、Ar 和 CH_4 等。它们可以分散在水溶液中或者吸附在固-液界面上，从而分为体相纳米气泡和界面纳米气泡两种。对于体相纳米气泡研究得较少，研究方法也仅局限于纳米颗粒跟踪分析（nanoparticle tracking analysis，NTA）。然而，自从界面纳米气泡可被轻敲模式的原子力显微镜直接成像观察以来，科研工作者对纳米气泡的研究越来越深入。虽然经典的热力学理论不能解释纳米气泡的存在和纳米气泡的接触角比宏观的要大得多的两个物理现象，但是研究工作者提出了很多理论模型来解释界面纳米气泡这两个在宏观上不可理解的特性，目前为止，仍然没有一个理论模型被普遍接受。但是纳米气泡的实际应用并没有受到理论方面的影响，例如界面清洗、污水处理和矿物浮选等相关研究越来越多。

1.4.1 固液界面纳米气泡的发现

1994 年，Parker 等[68]使用 surface force apparatus 仪器（一种高灵敏度的表面测力装置）测量浸没在水中的两个疏水性固体表面之间的力-距离曲线时，发现当这两个疏水性的表面相互接近时，它们之间的力-距离曲线出现了不连续的台阶。他们认为这种力-距离曲线上的跳跃和不连续性是因为在固液界面存在很多亚微米级的气泡，这些亚微米级的气泡之间存在桥式作用，这种桥式作用被称为长程疏水作用。目前公认该研究最早提出了"界面纳米气泡"的概念。

直到 2000 年，Lou 等[69]和 Ishida 等[70]使用 TM-AFM 分别在云母和 OTS 修饰的硅表面观察到纳米气泡的图像，这些图像给出了界面纳米气泡直观的形貌以及长期稳定存在最直接的证据。在此基础上，纳米气泡的研究开启了一个新纪元。

1.4.2　纳米气泡的产生方法

产生纳米气泡的技术和方法是研究纳米气泡的前提，也是纳米气泡应用的基础。低能、高效、均一、大规模的纳米气泡制备技术和方法是纳米气泡领域能得到快速发展的保障。由于基础研究和工业应用对纳米气泡的需要有所差别，基础研究需要弄清楚纳米气泡是什么，它为什么能稳定性存在，以及纳米气泡与微米气泡的差异是什么等科学问题，需要纳米气泡制备的体系非常干净，以及在测试的过程中不能引入任何污染和杂质。而工业应用则需要大规模、高效率、低能耗地产生纳米气泡，引入的污染和杂质有可能对整个应用体系有利，甚至有害，但是当危害很小时都是可以接受的。

在实验室制备纳米气泡，通常需要一个单纯干净的体系便于进行研究分析。近几年随着纳米气泡的研究不断深入，其制备的方法也呈现出多样化，主要包括浸渍自发生成法、电化学法、光催化或化学催化法、溶液替换法、温差法、加压减压法。

（1）浸渍自发生成法。浸渍自发生成表面纳米气泡的方法一般需要满足两个条件：一是需要有较强的疏水性表面；二是水溶液中气体饱和度较高。当表面疏水的物体浸没在过饱和气体水溶液中时，其表面粗糙度较大的地方容易有大量不溶性气体集聚，从而形成气泡[70~72]。这种纳米气泡形成的方法优点是操作非常简单，缺点是产生的气泡数量相对较少，并且重复性不好。

（2）电化学法。电化学法是通过电解水或者其他的有机溶液产生纳米气泡，这种方法既可以在溶液中直接生成体相纳米气泡，也可以在电极表面生成界面纳米气泡[73~75]。Zhang 等[73]研究发现电解过程中施加电压的大小和电解的时间可以控制产生的纳米气泡数量和大小。White 的研究课题组开展了利用电化学的方法在纳米 Pt 电极表面电解产生 H_2 和 N_2 纳米气泡的一系列研究工作，他们研究了单个纳米气泡在电解过程中的成核并生长成纳米气泡的条件以及稳定的时间问题[76~80]。

（3）光催化或化学催化法。Shen 等[81]研发了一种利用二氧化钛光催化特性来制备纳米气泡的方法。具体方式是将纳米粒级的二氧化钛铺展在云母基底表面，然后在云母表面滴加甲醇的水溶液，利用紫外光进行照射，发现有纳米气泡在云母表面生成。早在 2004 年，Paxton 等[82]就已经在 Pt 表面成功催化 H_2O_2 水溶液分解，生成 H_2 和 O_2 纳米气泡。

（4）溶液替换法。溶液替换法是一种重复性很好的纳米气泡制备方法[69,83~86]，使用一种气体溶解度小的溶液取代溶解度较大的溶液，气体在两种溶液中的溶解度差异越大，生成的纳米气泡数量越多，成功率也越高，其中替换使用最多的两种溶液分别为去离子水和乙醇（醇水替换）[69,87~89]。图1-3为醇水替换产生纳米气泡技术的操作流程示意图，其中第三步是实验成功与否的关键步骤。首先将气体溶解度较大的乙醇注入液体槽中，然后用气体溶解度小的去离子水注入液体槽中并将液体槽中的乙醇完全赶走。在替换的过程中，大量的气体来不及逃逸而发生聚集，形成局域过饱和状态，其中一些过饱和的气体就会在固液界面上以纳米气泡的形式存在，还有大部分气体也会在水溶液中产生大量的体相纳米气泡。

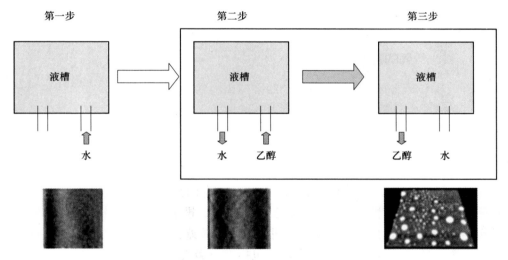

图1-3 醇水替换示意图
（第一步，将水直接注入基底上，没有纳米气泡生成；
第二步，用乙醇替换液体槽中的水，也没有纳米气泡生成；
第三步，用水替换液体槽中的乙醇，有大量纳米气泡在基底上生成[66]）

（5）温差法。冷热水溶液替换产生纳米气泡的方法也可以归类为温差法，除了冷热水溶液替换，还可以将气体饱和的冷水直接滴加到温度较高的基底上面产生纳米气泡[90]。其产生纳米气泡的原理是气体在冷水中的溶解度较多，当冷水接触到温度高的疏水性基底时，基底表面的水层温度上升，气体溶解度降低，这样导致基底表面的气体富集而形成纳米气泡，通常需要等待一小时后才有大量纳米气泡生成。也可以直接对基底加热，溶液温度上升较快，这样可以加快纳米气泡的形成。

（6）加压减压法。通过高压的方法将特定的气体加入水溶液中，使得水溶液中的气体形成过饱和状态，当溶液中的压力缓慢减小直至恢复到常压后，溶液中加压的过饱和气体会以微纳米气泡的形式大量释放出来[91,92]。减压法也可以制备出纳米气泡，即对水溶液进行短时间脱气处理，也可以让气体从溶液中析出，形成纳米气泡。

工业应用中使用的纳米气泡一般为体相纳米气泡，它对制备纳米气泡的要求是尺寸要相对均匀，浓度尽可能高，但是也会考虑到能耗和生产成本等诸多因素。现阶段工业上制备纳米气泡常用的方法有：机械剪切法[93,94]、超声空化法[95,96]、水力空化法、加压减压法、湍流管法[92,97]等。其中机械剪切是高速搅拌溶液使得有限体积的气体和溶液充分混合并空化形成气泡；超声空化和水力空化技术是利用超声或者搅拌使得液体中局部出现拉应力产生负压，压强的降低使得局域内气体析出形成纳米气泡，同时伴随着空穴的形成；加压减压法和湍流管法也是依靠快速改变水中局部压强造成水力空化。

1.4.3　纳米气泡的检测方法

由于纳米气泡的存在与经典理论的推理和预测相矛盾，导致多数人怀疑纳米气泡只是原子力显微镜扫描过程中新引入的污染，他们认为纳米气泡的存在时间在毫秒级别，AFM 不可能在纳米气泡消失前完成一次扫描。但是随着科学技术的发展，越来越多的先进技术和设备被用来观察和研究纳米气泡。根据它们所提供的纳米气泡信号差异可以将其分为以下几类：第一类属于高分辨成像，除了原子力显微镜[69,70,87]以外还有光学类显微镜，包括干涉增强反射显微镜[83]、全息内反射荧光显微镜[88,98]、高分辨荧光显微镜[99]、投射电子显微镜[100,101]和扫描投射电子显微镜[102]；第二类属于空间分辨能力较差，但是能够提供纳米气泡内部的化学信息或者样品折射率的变化，包括石英微天平[103,104]、衰减全内反射傅立叶红外光谱[105,106]、表面等离子体共振[105]和扫描投射 X 射线显微镜[107,108]。上述介绍的方法主要用于研究界面纳米气泡，体相纳米气泡研究的技术和方法相对较少，主要集中在研究体相纳米气泡的浓度和尺寸，其研究手段主要有中子反射[109,110]、小角散射[84]和动态光散射[111,112]。

1.4.4　纳米气泡在微细粒矿物浮选中的作用

国内外有很多研究者将纳米气泡应用于浮选方面，并取得了一定的成果，但是对于纳米气泡的低能高效发生装置以及在浮选过程中的影响机制缺乏合理的解释[111,113~115]。如果这些问题得以解决，那么全球的矿产资源的利用效率就会大幅增加。因此，对低能高效纳米气泡发生装置，以及与浮选设备的连用和纳米气泡在浮选过程中的界面物理化学反应及其动力学过程的研究，具有重要的理论价值和实践意义，研究成果一方面可以提高微细粒氧化矿的利用效率，另一方面可以为解决纳米气泡浮选应用中效率低、能耗高的难题奠定基础，对于研究纳米气泡浮选工业化条件下微细粒矿物浮选技术具有重要理论指导意义，项目成果将在微细粒矿物的大规模低成本的纳米气泡浮选技术开发中得到应用。

图1-4显示颗粒表面上的纳米气泡通过促进和较大气泡的黏附来提高浮选效率，这是由于纳米气泡或者气核与常规尺寸的气泡之间的黏附比气泡和固体颗粒之间的黏附更为有利。这就意味着纳米气泡可以充当微细颗粒的二次捕收剂，减少浮选捕收剂的用量，增加颗粒黏附概率并降低脱附的概率。这导致常规浮选中效率低的微细颗粒和超细颗粒的浮选回收率显著提高。Zhou 等[116]在微细粒二氧化硅的浮选试验中通过插入空化管在进料中引入少量空气（0.15L/min），结果显示二氧化硅的浮选回收率从30%增加到52%，这个试验证明了空化作用产生微泡在改善微细粒泡沫浮选回收率方面的应用潜能。Sun 等[117]的研究也得出了相似的结论。

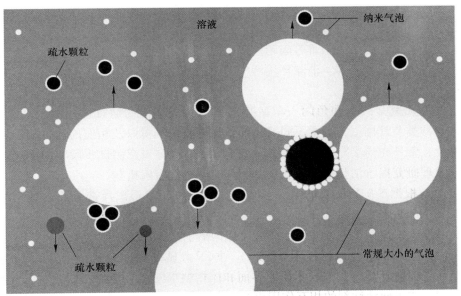

图1-4 纳米气泡对粗粒、细粒和超细颗粒的影响[118]

空化产生的微纳米气泡与浮选中常规尺寸的气泡相结合的优点可以归结于两个方面的原因：（1）纳米气泡在疏水颗粒表面原位生成，由于纳米气泡之间的桥联作用可能导致疏水颗粒相互絮团，增加表观粒径；（2）已被纳米气泡吸附的微细颗粒有利于在常规气泡表面发生吸附。

1.5 本书的研究目的及意义

枣阳大阜山原生金红石矿是亚洲最大的金红石矿，是我国最重要的钛资源之一，对于高端钛材的生产有着重要的意义。但是在开发利用过程中，存在许多的选冶难题。在此背景下，大冶有色集团、枣阳市人民政府和中南大学达成综合开发大阜山原生金红石矿的合作协议，计划从多学科联合技术出发，解决此矿山的综合开发利用问题，形成集采、选、冶及材一体的产业链。

本书以枣阳原生金红石矿为研究对象，借鉴课题组前期的试验基础和国内外对原生金红石矿的选矿实例，针对选矿过程中出现的工艺流程长、药剂制度复杂、成本高和污染大等问题，采用纳米气泡强化微细粒金红石矿浮选回收的方法，解决枣阳原生金红石矿的选矿问题。

1.6　本书研究的思路及内容

由于原生金红石矿表面相对比较稳定，脂肪酸类捕收剂难以实现金红石和脉石矿物的有效分离，而膦酸类捕收剂虽然对原生金红石矿浮选分离效果最好，但是环境污染大，国家已经明确要求禁止膦酸类捕收剂大规模的使用。苯乙烯膦酸作为膦酸类捕收剂的有效替代品，但因消耗量大也存在选矿成本过高、环境污染大、微细粒金红石回收困难等问题。本书以高效回收微细粒原生金红石矿为出发点，围绕降低选矿成本、消除环境污染等主题开展一系列研究工作，主要研究内容如下：

（1）研究金红石和角闪石单矿物的浮选行为，包括捕收剂种类及其用量、活化剂种类及其用量，探索不同捕收剂使用的矿浆环境以及相应的活化剂。利用动电位、紫外光谱、X光电子能谱、原子力显微镜等研究测试手段辅助浮选溶液化学原理研究揭示活化剂和捕收剂在金红石表面的吸附机制。

（2）根据单矿物试验的结果，制定枣阳原生金红石矿浮选分离方案。油酸钠和烷基羟肟酸作为粗选和扫选的捕收剂，并使用硝酸铅作为离子活化剂；苯乙烯膦酸作为精选捕收剂，并使用硝酸铋作为离子活化剂。

（3）利用动态光散射技术（NTA）、原子力显微镜（AFM）、zeta 电位测试以及同步辐射硬线 X 荧光技术研究界面和体相纳米气泡的性质，揭示纳米气泡与纳米颗粒或表面活性剂的相互作用机制，为纳米气泡强化矿物浮选分离提供理论依据，并将纳米气泡引入到枣阳原生金红石的浮选过程中。

（4）针对选矿废水中的含膦捕收剂，使用微纳米气泡将其回收，并与"新鲜"的捕收剂以一定比例混合使用，达到减少含膦捕收剂使用量的目的。

1.7　本书研究的创新性结论

本书全面开展枣阳微细粒难选原生金红石矿强化浮选分离机制研究，具有以下创新性结论：

（1）提出了用于枣阳原生金红石矿浮选纳米气泡制备的方法，获得了良好的分选效果，微细粒金红石浮选品位和回收率均有提高；

（2）利用纳米气泡去除废水中残留的有机浮选药剂苯乙烯膦酸，并阐明了其作用机制；

（3）提出了枣阳原生金红石矿浮选新的药剂制度，并探索了金属离子活化机制，新工艺回收率为 83.43%，品位为 78.68%，减少 80% 以上苯乙烯膦酸用量。

2 试验材料及研究方法

2.1 矿样

2.1.1 单矿物矿样

本书所研究的单矿物，如金红石、绿泥石、绿帘石、钙铁榴石以及角闪石均来自湖北枣阳大阜山原生金红石矿山。上述单矿物块状矿石分别破碎后，经过手选除去杂质，然后采用陶瓷球磨机进行细磨，最后通过多次磁选、重选和分级获得。最终得到的单矿物样品经过筛分，每一种矿物样品都取 4 个粒度范围，并用广口瓶保存备用。4 个粒度范围分别是：$38 \sim 74 \mu m$、$20 \sim 38 \mu m$、$10 \sim 20 \mu m$ 和 $-10 \mu m$。

单矿物的化学多元素分析结果见表 2-1，可以发现金红石、钙铁榴石、绿帘石、绿泥石和角闪石样品的化学纯度分别为 93.80%、99.6%、94.58%、95.35% 和 83.47%。上述几种单矿物的 XRD 结果如图 2-1 和图 2-2 所示，在 XRD 图谱中没有发现明显的杂质。结合化学多元素分析和 XRD 图谱结果，发现单矿物的纯度基本符合试验的要求。

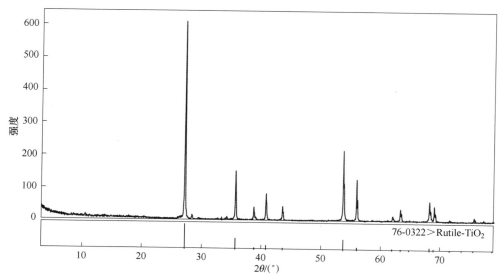

图 2-1 金红石单矿物的 XRD 衍射图

表 2-1　单矿物化学多元素分析结果　　　　　　（%）

矿样	TiO₂	FeO	Fe₂O₃	SiO₂	CaO	MgO	Al₂O₃	MnO
金红石	93.80	1.53	1.33	2.17	0.17	0.31	0.99	—
角闪石	0.11	24.30	—	40.85	10.08	7.00	8.01	0.58

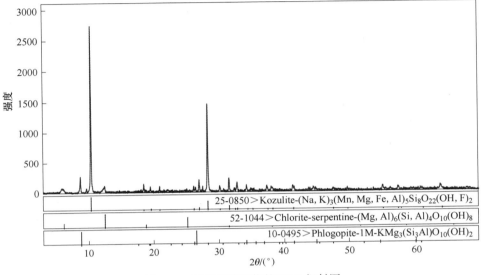

图 2-2　角闪石单矿物的 XRD 衍射图

2.1.2　实际矿石矿样

实际矿石矿样也取自湖北枣阳大阜山原生金红石矿，矿样的制备流程如图 2-3

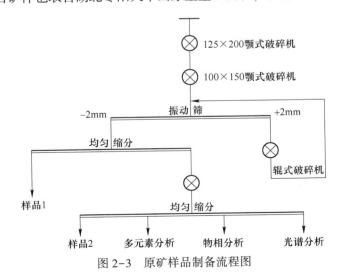

图 2-3　原矿样品制备流程图

所示。矿样经过颚式破碎机和对辊机破碎至 2mm 以下，破碎后的样品采用堆移的方法使其充分混合均匀，然后利用缩分的方法取出用于分析检测的样品，剩余的矿样用于选矿试验。

2.2　试剂与仪器

2.2.1　试剂

本书涉及的试验药剂见表 2-2。

表 2-2　试验药剂

试剂名称	化学式	规格	生产商
氢氧化钠	$NaOH$	分析纯	天津大茂化学试剂厂
盐酸	HCl	分析纯	株洲星空化工厂
硫酸	H_2SO_4	分析纯	株洲星空化工厂
碳酸钠	Na_2CO_3	分析纯	湖南汇虹试剂有限公司
硝酸铅	$Pb(NO_3)_2$	分析纯	国药集团化学试剂有限公司
硝酸铋	$Bi(NO_3)_3$	分析纯	国药集团化学试剂有限公司
硫酸铝	$Al_2(SO_4)_3$	分析纯	国药集团化学试剂有限公司
EDTA	$C_{10}H_{16}N_2O_8$	分析纯	国药集团化学试剂有限公司
氟硅酸钠	Na_2SiF_6	分析纯	天津化学试剂三厂
甲苯胂酸	$CH_3C_6H_4AsO(OH)_2$	工业品	荆江选矿药剂有限公司
壬基异羟肟酸	$C_9H_{19}CONHOH$	工业品	铁岭选矿药剂厂
苯甲羟肟酸	$C_7H_7NO_3$	工业品	铁岭选矿药剂厂
油酸钠	$C_{18}H_{33}O_2Na$	分析纯	国药集团化学试剂有限公司
苯乙烯膦酸	$C_8H_9PO_3$	95%	实验室自制
正辛醇	$CH_3(CH_2)_6CH_2OH$	分析纯	天津博迪化工有限公司
MIBC	$C_6H_{14}O$	工业品	铁岭选矿药剂厂
无水乙醇	C_2H_5OH	分析纯	国药集团化学试剂有限公司
氮气	N_2	99.99%	北京佳亚化工有限公司

2.2.2　试验仪器和设备

本书涉及的试验仪器和设备见表 2-3。

表 2-3　试验主要仪器与设备

设备名称	设备型号	生产厂家
浮选机	XFG 挂槽式	长春探矿机械厂
	XFDC-63	
精密 pH 计	PHS-3C	上海精密科学仪器有限公司
动电位测试仪	ZetaPANLS	英国马尔文有限公司
红外光谱仪	Nicolet Model Nexus 670	美国 Nicolet 公司
紫外可见分光光度计	TU-1810	北京普析通用仪器有限公司
电子天平	JY2002	上海精密仪器仪表有限公司
X 射线衍射仪	Shimadzu/MAX-rA	日本理学株式会社
超声清洗仪	SK2200H	上海科导超声仪器有限公司
自制加压-减压装置	有效体积 10mL	实验室设计，自制
纳米粒子追踪分析仪	NS-300	英国马尔文有限公司
原子力显微镜	Multimode 8 SPM	美国 Bruker 公司
X 射线光电子能谱仪	ESCALAB250 Xi	ThermoFisher-VG Scientific
接触角测试仪	JC2000C	上海中晨数字科技有限公司
真空过滤机	DC-5c	天津华联矿山仪器厂
真空泵	2XZ-2C	临海市谭氏真空设备有限公司
电热鼓风干燥箱	101A-3B	上海试验仪器总厂
锥形球磨机	XMQ-67/240×90	湖北省探矿机械厂
三头玛瑙研磨机	XPS-φ120×3	武汉探矿机械厂
扫描电子显微镜	JSM-6360LV	日本
Plasma 等离子清洗仪	PDC-32G	美国 HARRICK PLASMA

2.3　研究方法

2.3.1　浮选试验

单矿物浮选试验均使用 XFD17 型挂槽浮选机，按照单因素变量原则，考查各个因素对矿物可浮性的影响。每次试验称取 2.0g 单矿物矿样置于浮选槽中，并加入 35mL 去离子水，按照试验所需药剂的添加顺序和计量加入试剂，最后使用去离子水将矿浆溶液体积调整到 40mL，并记录最终 pH 值。试验流程见图 2-4。

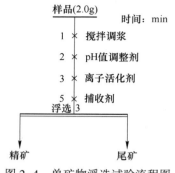

图 2-4　单矿物浮选试验流程图

浮选结束后，将精矿和尾矿产品分别过滤、烘干并称重，按式（2-1）计算浮选回收率。

$$\varepsilon = \gamma = m_1/(m_1 + m_2) \times 100\% \qquad (2-1)$$

式中　ε——浮选回收率；

　　　γ——浮选精矿产率；

m_1，m_2——精矿（泡沫产品）和尾矿（槽底产品）的质量，g。

实际矿石浮选试验采用 1.5LXFD 挂槽式浮选机进行粗选和扫选，0.5L 浮选槽进行精选。每次称取 500g 矿物磨至一定细度，虹吸脱泥后进行浮选。药剂的添加顺序为：pH 值调整剂、离子活化剂、抑制剂、捕收剂和起泡剂。泡沫产品和槽底产品分别过滤、烘干后称重，均匀取样化验 TiO_2 品位，并计算浮选回收率。

2.3.2　紫外光谱分析

捕收剂在矿物表面吸附量的测定采用北京普析通用仪器有限公司生产的 TU-1870 型分光光度计进行测试。根据捕收剂标准溶液的特征吸收波长，在该吸收波长下溶液中残留的捕收剂浓度与吸光度成正比关系，拟合出标准曲线。

取 1g 单矿物矿样置于烧杯中，加入 50mL 去离子水，用 SK2200H 型超声清洗仪分散矿样 10min，继续添加去离子水至 100mL，然后使用磁力搅拌器搅拌 5min。根据试验的要求调节 pH 值，加入相应药剂后再搅拌 5min，紧接着转移矿浆溶液至离心管中，在 5000r/s 的条件下离心 5min，取上层清液测量其吸光度。每个条件至少重复三次，取平均值作为测量结果。根据溶液中捕收剂的浓度与吸光度之间的标准曲线计算捕收剂在矿物表面的吸附浓度[53]。

吸附量的计算公式为：

$$\Gamma = \frac{(c_0 - c)V}{1000m \cdot s} \qquad (2-2)$$

式中　Γ——捕收剂在矿物表面的吸附浓度；

c_0——浮选药剂的初始浓度，mol/L;

c——浮选药剂的残余浓度，mol/L;

V——矿浆溶液的体积，mL;

m——加入单矿物的质量，g;

s——加入矿物的比表面积，cm^2/g。

2.3.3 红外光谱分析

矿物与浮选药剂相互作用的红外光谱采用 Nicolet Model Nexus 670 型傅立叶变换红外光谱仪，采用 KBr 压片投射法测定，其测量范围为 $400 \sim 4500cm^{-1}$。单矿物样品首先用三头玛瑙研钵研磨至 $2\mu m$ 以下，每次称取 1g 细磨的样品置于盛有 50mL 去离子水的烧杯中，使用超声清洗仪分散样品 10min，然后加入去离子水至 100mL，磁力搅拌 5min 后，根据试验的要求调节 pH 值，并加入 50 倍最佳药剂浓度的捕收剂，搅拌 5min，过滤并使用相同 pH 值条件的去离子水反复冲洗3 次，烘干样品。取少许烘干的样品，加入一定量的 KBr 粉末，再研磨至均匀，然后将已经研磨均匀的粉末样品转移至压片专用的模具上加压，取出压片状的样品装入样品架进行红外光谱测定。

2.3.4 动电位测试

单矿物表面动电位测试在 JS94H 型微电泳仪上进行，使用红外光谱测试细磨样品，每次称取细磨样品 20mg 置于 100mL 的烧杯中，然后加入 $0.1\%\ KNO_3$ 溶液40mL 作为电解质溶液，根据需要加入相应药剂。磁力搅拌 5min 后使用稀 HCl 和NaOH 溶液调节 pH 值，待 pH 值稳定后抽取上清液，注入样品池中，测量该条件下矿物表面动电位。每个条件重复测量三次，取平均值作为结果记录。

2.3.5 接触角测试

矿物与药剂（活化剂、捕收剂）作用前后，其矿物表面的润湿性在上海中晨数字科技有限公司生产的 JC2000C 型接触角测试仪上进行测试。首先将块状的单矿物样品切成 $12mm \times 12mm \times 2mm$ 的长方体形状，然后依次使用 $100\mu m$、$40\mu m$和 $9\mu m$ 粗糙度的金刚石砂纸对样品的一个切面进行打磨，以获得平坦的表面。随后使用 $1.0\mu m$、$0.3\mu m$ 和 $0.05\mu m$ 的氧化铝粉末溶液通过抛光布进行连续抛光。经过抛光后的样品先用去离子水清洗，然后在超声清洗仪中超声 30min，用以去除样品表面残留的氧化铝粉末。最后，使用无水乙醇清洗抛光面，并在Plasma 等离子清洗仪中清洗 2min，用以除去表面残留的有机污染物。样品制备好后，将抛光后的样品按药剂添加顺序分别浸泡在盛有药剂的溶液中（浓度和浮选条件一样）10min，然后取出，用去离子水反复清洗三遍，最后使用高纯 N_2 流吹干。使用标有刻度的注射器将 50μL 去离子水滴加到样品表面，最后使用接触角仪器测量去离子水在矿物表面的接触角大小。分别在不同的地方滴加四次，取平均值作为结果记录。整个测量过程在 25℃条件下进行。

2.3.6　X 射线光电子能谱

药剂在矿物表面吸附的化学信息通过 ESCALAB 250Xi 型 X 射线光电子能谱检测。每次称取单矿物样品 2g，按照相应单矿物试验浮选条件调浆、加药、搅拌，在浮选前将矿浆转移到离心管中，在 5000r/s 的转速下离心 10min，并将离心后的固体矿物用去离子水反复清洗、搅拌，再使用离心机分离两次，最后将固体矿物置于真空干燥箱内 60℃以下烘干，烘干后的样品用作 XPS 检测。

2.3.7　原子力显微成像术

纳米气泡、金属离子活化剂和捕收剂在矿物表面的吸附形貌特征通过 Bruker 公司生产的 Multimode 8 SPM 商用型原子力显微镜扫描成像，系统版本为 Nano-Scope 8，配置 5 型控制器作为控制箱，其工作原理如图 2-5 所示。液相模式下使用的 AFM 探针来自 Bruker 公司生产的 DNP－10 型产品，针尖弹性系数约为 0.35N/m；气相模式下使用 Bruker 的 SCANASYST-AIR 型探针，针尖弹性系数约为 0.4N/m。AFM 探针在使用前通过等离子体清洗剂进行清洗。成像是在 PF-QNM 模式下液相或者气相环境下进行，而力曲线则是由 Force Volume 模式下获

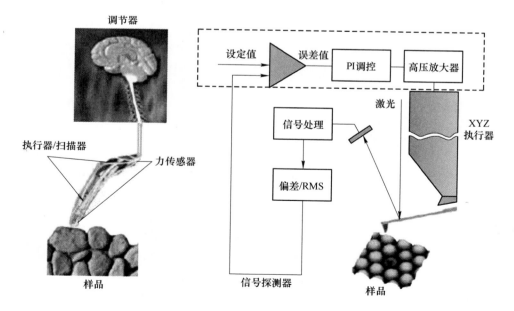

图 2-5　原子力显微镜的工作原理示意图

得。在 PF-QNM 模式下，峰值力的振幅、频率和扫描速度分别设置为 100nm、2kHz 和 0.977Hz。参照 Zhao 等[119~121]对针尖修正过程修正针尖，峰值力的大小设置为 300pN 左右。在 Force Volume 模式中，力曲线 ramp 范围为 100nm，扫描速度为 9.77Hz，针尖参数设置和 PF-QNM 模式下的参数相同。利用 Bruker 设备中自带的离线分析软件 "NanoScope Analysis" 对所有数据进行分析处理。

2.3.8 纳米粒子追踪分析

纳米气泡的浓度和尺寸分布通过英国马尔文公司生产的 NS300 型纳米粒子追踪分析仪（NTA）测定。NTA 的测量是基于布朗运动和动态光散射的原理，其工作原理如图 2-6 所示。在测试中，一束蓝色激光（65mW，$\lambda = 405$nm）穿过样品室内的棱镜边缘玻璃平面进入纳米颗粒悬浮液。当激光照射在粒子上时，形成散射光斑，通过高速摄像机记录散射光斑的轨迹。每个测试结果都来自 5 次测量的平均值，视频持续 60 秒。固定光学视野（约 100μm×80μm），并且照射光束的深度为 10μm。通过 NTA 记数颗粒（纳米气泡）的数量，因此可以通过划分视场的体积来获得颗粒（纳米气泡）的浓度；每个粒子（纳米气泡）的大小可以通过 Stokes-Einstein 方程从布朗运动的扩散来计算[122]。

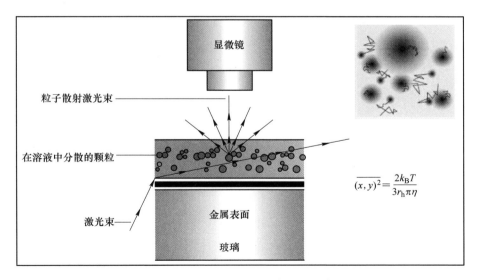

图 2-6 纳米粒子追踪分析仪原理示意图

$$\overline{(x, y)^2} = \frac{2k_B T}{3r_h \pi \eta} \tag{2-3}$$

式中 k_B——玻耳兹曼常数；

$\overline{(x, y)^2}$——颗粒的均方速度；

T——温度；

η——溶液的黏度；

r_h——颗粒的水力半径。

用玻璃注射器将产生的纳米气泡水溶液注射到 NTA 的样品池中，每次吸取 2mL 溶液，测量过程中缓慢推动注射器，待图像稳定后开始测量。

3 金红石和角闪石单矿物浮选试验研究

枣阳原生金红石矿的主要脉石矿物为角闪石、石榴石及绿帘石等，其中角闪石约占 67%。众所周知，金红石和角闪石的分离是原生金红石矿浮选富集过程中最大的难题，面对本研究中如此高含量的角闪石，探明如何高效分离两种矿物显得尤为重要。因此，以金红石和角闪石单矿物为研究对象，探究几种捕收剂和离子活化剂对其分离效果的影响。

3.1 常见捕收剂对金红石和角闪石单矿物浮选行为的影响

金红石和角闪石属于典型的氧化矿物，常见的捕收剂可以分为脂肪酸类、羟肟酸类、膦酸类以及肼酸类[38,42]。在这几种捕收剂中，各取两个典型的代表来研究金红石和角闪石的浮选行为。

3.1.1 脂肪酸类捕收剂对金红石和角闪石浮选行为的影响

油酸钠和十二烷基磺酸钠对金红石和角闪石浮选行为的影响见图 3-1 和图 3-2。

图 3-1(a) 为 pH 值对油酸钠浮选金红石和角闪石单矿物的影响，其中油酸钠用量为 1×10^{-4} mol/L。可以发现在酸性条件下金红石的浮选回收率很低，随着 pH 值的升高，金红石的浮选回收率急剧增加。当 pH 值为 8.1 时，金红石的浮选回收率达到最大值 65.3%。随着 pH 值继续升高，金红石的浮选回收率又逐渐下降。然而角闪石的浮选回收率一直都很低，pH 值在 6~8 之间时，达到最大值，接近 21% 左右。从图 3-1(a) 中可以发现，用油酸钠作为捕收剂在理论上可以实现金红石和角闪石的分离。

为了进一步提高金红石和角闪石的理想分离效果，探究了油酸钠的用量对金红石和角闪石单矿物浮选的影响，结果如图 3-1(b) 所示，此时矿浆 pH 值为 8.1。随着油酸钠用量的增加，金红石的浮选回收率先快速增加后趋于稳定，而角闪石的浮选回收率则一直缓慢上升，当油酸钠用量为 1.6×10^{-4} mol/L 时，金红石和角闪石的浮选回收率的差异最大，此时金红石的浮选回收率达到 89.6%，而角闪石的浮选回收率则为 28.4%。

综上所述，油酸钠作为捕收剂时，理论上可以实现金红石和角闪石的浮选分离，油酸钠的最佳用量为 1.6×10^{-4} mol/L，矿浆 pH 值为 8.1。

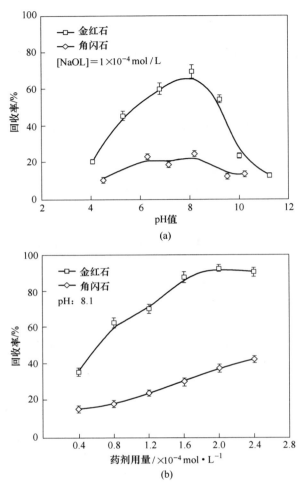

图 3-1　油酸钠（NaOL）作为捕收剂时，pH 值（a）和药剂用量
（b）对金红石和角闪石单矿物浮选回收率的影响

　　图 3-2（a）为 pH 值对十二烷基磺酸钠浮选金红石和角闪石的影响，此时十二烷基磺酸钠的用量为 $1×10^{-4}$ mol/L。从图中可以看出：十二烷基磺酸钠在所研究的 pH 值范围内对金红石和角闪石的捕收能力都非常弱，角闪石的浮选回收率在 32% 左右，而金红石的浮选回收率则低于 20%。由于在所研究的 pH 值范围内，金红石和角闪石的浮选回收率都没有明显的上升或者下降。为便于比较，在研究十二烷基磺酸钠的用量对金红石和角闪石单矿物浮选行为的影响时，选择油酸钠作为捕收剂时的最佳 pH 值（8.1）作为该体系的 pH 值，其结果显示在图 3-2（b）中。随着十二烷基磺酸钠用量的增加，金红石和角闪石的浮选回收率都是先快速增加后趋于稳定，当十二烷基磺酸钠用量为 $1.6×10^{-4}$ mol/L 时，两者都

达到最佳值，此时金红石的浮选回收率为 23.2%，角闪石的浮选回收率为 46.7%。

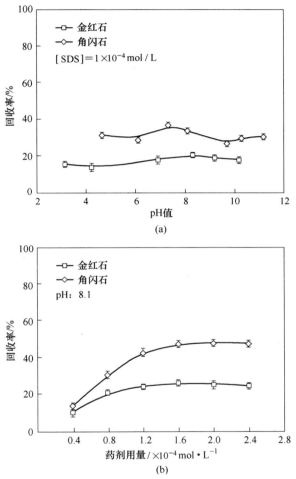

(a)

(b)

图 3-2 十二烷基磺酸钠（SDS）作为捕收剂时，pH 值（a）和药剂用量（b）对金红石和角闪石单矿物浮选回收率的影响

3.1.2 羟肟酸类捕收剂对金红石和角闪石浮选行为的影响

壬基异羟肟酸和苯甲羟肟酸对金红石和角闪石浮选行为的影响见图 3-3 和图 3-4。

图 3-3（a）为 pH 值对壬基异羟肟酸浮选金红石和角闪石单矿物的影响，其中壬基异羟肟酸用量为 400mg/L。从图中可以发现：壬基异羟肟酸做捕收剂时，在弱酸性和中性环境下，金红石都有较好的可浮性，强酸性和碱性环境下的可浮

性较差。然而，角闪石在整个 pH 值区间内的浮选回收率都低于 18%，这说明壬基异羟肟酸在金红石和角闪石的分离过程中具有较好的选择性。图 3-3(b) 为当 pH 值为 6.2 时，壬基异羟肟酸的用量对金红石和角闪石单矿物浮选行为的影响。随着壬基异羟肟酸用量的增加，金红石的浮选回收率先快速增加后趋于稳定，在壬基异羟肟酸用量为 800mg/L 时，金红石的浮选回收率达到最大值（64.26%）。而角闪石的浮选回收率仍然低于 20%。对比图 3-1，可以发现油酸钠对金红石和角闪石捕收能力都很强，壬基异羟肟酸对金红石的捕收能力没有油酸钠强，但是它基本上对角闪石没有捕收能力。

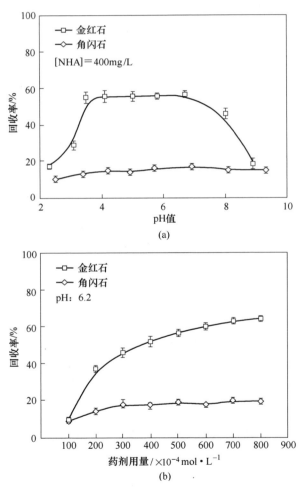

图 3-3　壬基异羟肟酸（NHA）作为捕收剂时，pH 值（a）和药剂用量
（b）对金红石和角闪石单矿物浮选回收率的影响

图 3-4(a) 为 pH 值对苯甲羟肟酸浮选金红石和角闪石单矿物的影响，矿浆

pH 值为 8.6。从图中可以发现，随着 pH 值的升高，金红石的浮选回收率先急剧增加，当 pH 值为 8.6 时，金红石的浮选回收率达到最大值（58.9%），随着 pH值的继续升高，金红石的浮选回收率反而快速降低；而角闪石的浮选回收率一直低于 20%。图 3-4（b）为当 pH 值为 8.6 时，苯甲羟肟酸的用量对金红石和角闪石浮选回收率的影响。随着苯甲羟肟酸用量的增加，金红石的浮选回收率先增加后趋于稳定，最大浮选回收率可以达到 70%；而角闪石的浮选回收率在 20% 左右。

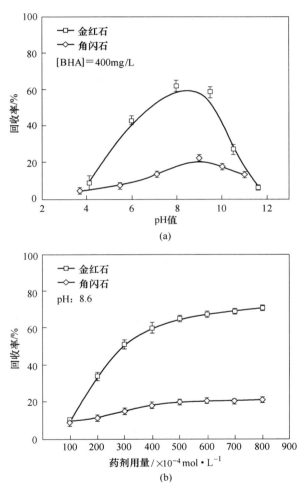

图 3-4　苯甲羟肟酸（BHA）作为捕收剂时，pH 值（a）和药剂用量
（b）对金红石和角闪石单矿物浮选回收率的影响

3.1.3　膦酸类捕收剂对金红石和角闪石浮选行为的影响

苯乙烯膦酸和羟基辛基膦酸对金红石和角闪石浮选行为的影响见图 3-5 和图

3-6。

　　图 3-5(a) 为 pH 值对苯乙烯膦酸浮选金红石和角闪石单矿物的影响, 其中苯乙烯膦酸用量为 600mg/L。从图中可以看出, 苯乙烯膦酸在强酸性条件下对金红石有较好的捕收效果, 当 pH 值为 2.2 时, 金红石的浮选回收率达到最佳值 (61.1%)。随着 pH 值的继续增加, 金红石的浮选回收率快速下降。然而苯乙烯膦酸对角闪石几乎没有捕收能力, 整个 pH 值范围内角闪石的浮选回收率不超过 7%。可以看到在强酸性条件下, 特别是 pH 值在 2 左右时, 金红石和角闪石单矿物的浮选回收率的差异达到最大值。从图 3-5(b) 可以看出: 当 pH 值为 2.2 时, 随着苯乙烯膦酸用量的增加, 金红石的浮选回收率先快速增加然后趋于稳定。当苯乙烯膦酸的用量为 800mg/L 时, 金红石的浮选回收率达到最大值。

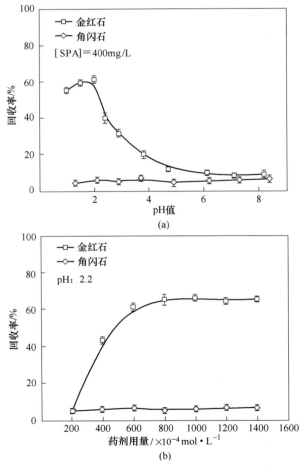

图 3-5　苯乙烯膦酸 (SPA) 作为捕收剂时, pH 值 (a) 和药剂用量
(b) 对金红石和角闪石单矿物浮选回收率的影响

　　从以上结果可以看出，苯乙烯膦酸作为捕收剂时，金红石和角闪石单矿物的浮选有最大的差异，并且对角闪石基本上没有捕收能力。

　　图 3-6(a) 为 pH 值对羟基辛基膦酸浮选金红石和角闪石单矿物的影响，其中羟基辛基膦酸用量为 400mg/L。从图中可以看出：随着 pH 值的升高，金红石的浮选回收率先缓慢增加，后缓慢下降，当 pH 值为 7.8 时，获得最大浮选回收率（51.0%）。此时角闪石的浮选回收率接近 20%。当 pH 值为 7.8 时，随着羟基辛基膦酸用量的增加，金红石的浮选回收率先快速增加后趋于稳定，当羟基辛基膦酸的用量为 1400mg/L 时，金红石的浮选回收率达到 71.2%，此时角闪石的浮选回收率为 25%。

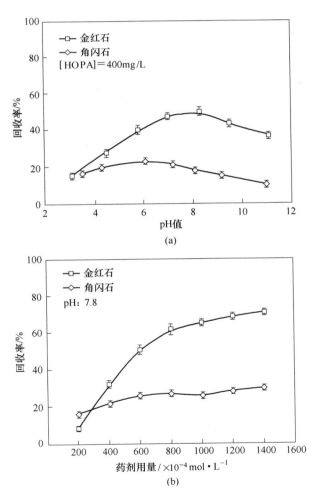

图 3-6　羟基辛基膦酸（HOPA）作为捕收剂时，pH 值（a）和药剂用量
（b）对金红石和角闪石单矿物浮选回收率的影响

3.1.4　肿酸类捕收剂对金红石和角闪石浮选行为的影响

甲苯肿酸对金红石和角闪石浮选行为的影响见图 3-7。从图 3-7(a) 可知：随着 pH 值的升高，金红石的浮选回收率逐渐升高，直到 pH 值为 6.8 左右时达到最大值（55.62%）后又下降；而角闪石的浮选回收率一直低于 10%。当 pH 值为 6.8 时，金红石和角闪石的浮选回收率随甲苯砷酸用量的关系如图 3-7(b) 所示。随着甲苯肿酸用量的增加，金红石的浮选回收率呈现先增加后稳定的关系，而角闪石的浮选回收率一直低于 10%。

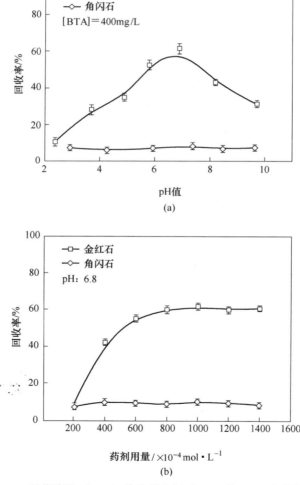

图 3-7　甲苯肿酸（BTA）作为捕收剂时，pH 值（a）和药剂用量
（b）对金红石和角闪石单矿物浮选回收率的影响

3.1.5 捕收剂效果评价

因为影响捕收剂效果的因素较多，要对各类金红石捕收剂的优劣做出恰当的评价是不容易的。下面从捕收剂性能、毒性大小以及价格高低三个方面对上述各类捕收剂进行评述。

3.1.5.1 捕收性能的比较

捕收性能的好坏是评价捕收剂最重要的根据，如果捕收性能欠佳，该捕收剂便不可能得到应用。如果捕收性能良好，但其他方面指标差，还可以设法弥补使其得到应用，因为捕收剂的目的是要从给矿中浮出有用矿物。

将上述捕收剂对金红石和角闪石浮选的最佳效果及其用量列于表3-1中。由表3-1可以看出：油酸钠对金红石的捕收能力最强，同时对角闪石也有较强的捕收能力。二十烷基磺酸钠不能实现对金红石的捕收，作为反浮选的捕收剂也没有优势。苯甲羟肟酸的各项浮选指标都优于壬基异羟肟酸，相比于油酸钠，对金红石更具有选择性。苯乙烯膦酸和甲苯肿酸对角闪石基本没有捕收能力，对金红石有最强的选择性。从这7中药剂中选择其中4种按照浮选性能好坏排列如下。

捕收能力：油酸钠>苯甲羟肟酸>苯乙烯膦酸>甲苯肿酸

选择性：苯乙烯膦酸>甲苯肿酸>苯甲羟肟酸>油酸钠

表3-1 不同捕收剂作用条件下，金红石和角闪石的浮选指标结果

捕收剂名称	用量 /mg·L⁻¹	最佳浮选 pH	金红石回收率 /%	角闪石回收率 /%	金红石和角闪石回收率差 /%
油酸钠	140	8.1	91.2	35.3	55.9
十二烷基磺酸钠	200	8.1	22.6	47.3	-24.7
壬基异羟肟酸	300	3.5~6.8	64.3	21.4	42.9
苯甲羟肟酸	300	8.6	71.5	19.6	51.9
苯乙烯膦酸	400	2.2	65.3	6.8	57.5
羟基辛基膦酸	400	7.8	71.2	28.6	42.6
甲苯肿酸	300	6.6	58.6	8.7	49.9

3.1.5.2 毒性大小评价

甲苯肿酸的毒性最大，对环境的污染也是最严重，国家有关部门已经明确要求禁止肿酸类捕收剂的使用[16,38]。苯甲羟肟酸和苯乙烯膦酸也都对环境有一定的污染性，油酸钠对环境的污染性最小。

作者认为在实际的选矿作业中，要重视药剂的毒性以及对环境造成的污染，在浮选指标相似的情况下要尽量多地使用对环境污染小的药剂。要认真处理尾矿废水，尽量采用回水。

3.1.5.3 价格问题

剩下的三种捕收剂中以苯乙烯膦酸价格最高，原因是合成苯乙烯膦酸路线长，所用原料多，并且合成过程中有大量氯化氢气体的产生，对设备腐蚀性强，所以成本高，这是苯乙烯膦酸的弱点。与苯乙烯膦酸相比，虽然苯甲羟肟酸价格较低，但仍然是油酸钠的 3 倍左右。所以不管是从价格角度，还是环境保护角度来看，金红石的浮选过程中都应该将油酸钠作为主要的捕收剂使用。然后以苯甲羟肟酸和苯乙烯膦酸作为辅助，从而达到金红石矿浮选的最佳指标。

3.2 铅离子和铋离子对金红石单矿物浮选的影响

用油酸钠、苯甲羟肟酸以及苯乙烯膦酸浮选金红石单矿物时，发现捕收剂的用量要高于浮选其他单矿物时的用量，有人报道是由于金红石表面缺乏捕收剂吸附的活性位点[35,36,123]。Pb^{2+}、Fe^{2+}、Fe^{3+}、Cu^{2+} 和 Mn^{2+} 等金属离子对金红石的浮选都有活化作用。例如硝酸铅和硫酸铜对金红石的活化作用最明显。下文中以 Pb^{2+} 离子活化枣阳原生金红石单矿物为例来探索金属阳离子对金红石的活化机制。

图 3-8 为油酸钠、苯甲羟肟酸和苯乙烯膦酸分别单独做捕收剂时，pH 值对 Pb^{2+} 离子活化金红石浮选的影响。从图 3-8(a) 可以看出，油酸钠作为捕收剂时，铅离子在较宽的 pH 值范围内对金红石的浮选都有较强的活化作用，特别当 pH 值在 5.0~8.5 范围内时活化效果最佳，金红石的浮选回收率超过 90%。图 3-8(b) 显示苯甲羟肟酸作捕收剂时，Pb^{2+} 离子对金红石的浮选也有很强的活化作用，当 pH 值在 5.0~8.0 范围内活化效果最佳，但是最大浮选回收为 82% 左右，低于油酸钠作为捕收剂时的浮选回收率。图 3-8(c) 显示苯乙烯膦酸作为捕收剂时，Pb^{2+} 离子在浮选最佳 pH 值范围内（1~2.2）对金红石没有活化作用，而当 pH 值在 3.9~8.0 范围内能明显改善金红石的浮选行为，但是其浮选回收率维持在 43% 左右。

综上所述，Pb^{2+} 离子在 pH 值范围为 5.0~8.0 范围内，不管是油酸钠、苯甲羟肟酸还是苯乙烯膦酸作为捕收剂，都对金红石的浮选有明显的促进作用，然而苯乙烯膦酸作为捕收剂时，最佳浮选 pH 值范围为 1~2.2，此时 Pb^{2+} 离子对金红石的浮选行为影响不大，所以油酸钠和苯甲羟肟酸作为浮选捕收剂时，Pb^{2+} 离子可以作为金红石的活化剂，但是苯乙烯膦酸作为浮选捕收剂时，Pb^{2+} 离子不能作为金红石的活化剂。

金属离子对矿物表面的活化作用机制可以分为两类：（1）溶液中金属离子的某种组分与矿物表面发生复杂的化学反应，生成类似 Me_1—O—Me_2^+ 的化学组分，其中 Me_1 可能为 Zn、Mn、Fe、Sn 等元素，Me_2 可能为 Pb 和 Cu 元素[124,125]；（2）通过 Me_2 和 Me_1 的离子交换，生成浓度积更小的 Me_2S 或 Me_2O 的化合

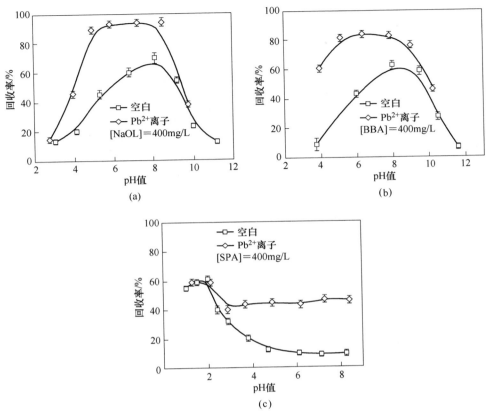

图3-8 不同捕收剂情况下，pH值对Pb²⁺活化金红石浮选的影响

物[126~128]。然而，这两种活化机制都只能在一定条件下发生。机制（1）的条件是溶液中需要有Me₂的羟基化合物，机制（2）的条件是Me₂S或者Me₂O的溶解度要远小于Me₁S或Me₁O。苯乙烯膦酸作为捕收剂时，金红石的最佳浮选pH值区间为1~2.5，硝酸铅在这个pH值范围内主要的化学组分为自由的Pb²⁺离子，它们主要通过微弱的静电相互作用力吸附在金红石表面[36]，并且PbO的溶解度要高于TiO₂。所以在这个pH值范围内Pb²⁺离子不能作为金红石浮选的活化剂。

有报道称Bi³⁺和Pb²⁺离子一样，都有孤对电子，在空间上有着相同的化学活性，并且对它们的化合物结构有着很大的影响[129,130]。Bi³⁺离子在水溶液中，非常容易发生水解，其$pK_a = 1.51$，并且对N和O的配体都有很高的亲和力[129,131]。这对于浮选活化剂有两个方面的应用：（1）Bi³⁺和Pb²⁺离子对矿物的浮选活化作用有相同的结构特点；（2）pH值在2~3范围内，Bi³⁺离子已经发生水解，溶液中存在铋的羟基化物。

　　综上所述：Bi^{3+}离子可以在强酸性条件下作为金红石浮选的活化剂，弥补
Pb^{2+}离子在酸性条件下的不足。

　　图 3-9 为苯乙烯膦酸作为捕收剂时，pH 值对 Bi^{3+} 和 Pb^{2+} 离子活化金红石浮
选效果的影响。图 3-9(a) 表明不加入任何离子时，金红石的浮选回收率较低，
最大回收率仅为 61%，最佳浮选 pH 值范围为 1~2.2。加入铅离子后，金红石的
最大浮选回收率基本上没有任何变化。然后加入铋离子后，金红石的浮选回收
率急剧增加，最大浮选回收率接近 90%，并且金红石的浮选区间扩大为 1~3。
图 3-9(b) 为不同活化剂离子加入前后，金红石浮选回收率的差异随 pH 值的变
化关系，其中 Δ1 表示铅离子加入前后金红石浮选回收率的差异，Δ2 表示铋离子

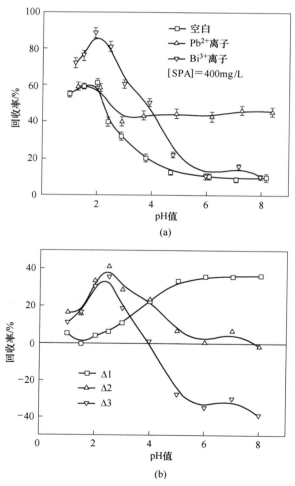

图 3-9　苯乙烯膦酸作为捕收剂时，pH 值对 Bi^{3+}、
Pb^{2+} 离子活化金红石浮选效果的影响

加入前后金红石浮选回收率的差异，Δ3 表示铋离子加入后与铅离子加入后金红石浮选回收率的差异。铋离子和铅离子对金红石的浮选都有促进作用，当 pH 值小于 4 时，铋离子对金红石浮选的促进作用大于铅离子对金红石浮选的促进作用，而当 pH 值大于 4 时，则相反。然而苯乙烯膦酸作为捕收剂时，最佳浮选 pH 值区间为 1~2.2，此 pH 值范围内，铋离子对金红石浮选行为的活化作用最大，而铅离子在此范围内对金红石的浮选行为影响较小。

3.3 铅离子和铋离子对金红石活化作用机制研究

为查明研究铅离子和铋离子在不同捕收剂作用下对金红石浮选的活化机制，本节首先研究了各种捕收剂和金属离子在水溶液中的存在状态，以期为了解活化机制提供一些证据及启示。

图 3-10 为金属离子和几种捕收剂在水溶液中的化学组分图。图 3-10(a) 表明 Ti^{4+} 离子只有在非常强的酸性条件下才能有大量带正电荷的离子产生，包括 $Ti(OH)_3^+$、$Ti(OH)_2^{2+}$、$Ti(OH)^{3+}$、Ti^{4+} 离子，且酸性越强，离子的电荷值越大。当 pH 值大于 1.8 时，溶液中的 Ti^{4+} 离子主要以 $Ti(OH)_4$ 存在，其余带电荷的离子浓度随着 pH 值的增加快速降低。图 3-10(b) 显示当 pH 值小于 4.6 时，铅离子在水溶液中主要以自由 Pb^{2+} 离子的形式存在，只有极为少数的 $Pb(OH)^+$ 离子。随着 pH 值的增加，$Pb(OH)^+$ 离子的浓度快速增加，当 pH 值达到 8.3 时，$Pb(OH)^+$ 离子的浓度达到最大值，还有 $Pb(OH)_2(aq)$ 生成；当 pH 值超过 8.3 时，溶液中铅离子主要以 $Pb(OH)_2(s)$ 的形式存在。图 3-10 (c) 表明在强酸性条件下，水溶液中存在大量的 $Bi(OH)^{2+}$，还有少量的 $Bi(OH)_2^+$ 存在，当 pH 大于 6.3 时，这两种离子浓度快速降低，并伴随着大量 $Bi(OH)_4^-$ 的形成。

图 3-10(d) 表明水溶液中的油酸钠主要以如下 5 种组分形式存在，分别为 $RCOOH(l)$、$RCOOH(aq)$、$RCOOH\text{-}RCOO^-$、$RCOO^-$ 和 $(RCOO)_2^{2-}$，并且溶液中各物质组分的浓度受 pH 值影响较大。当 pH 值小于 8.44 时，水溶液中的油酸钠主要以分子的形式存在，其中阴离子组分的浓度，包括 $RCOOH\text{-}RCOO^-$、$RCOO^-$ 和 $(RCOO)_2^{2-}$，随着 pH 值的升高而增加，在 pH 值达到 8.44 时，都达到最大值。随着 pH 值的继续增加，$RCOO^-$ 和 $(RCOO)_2^{2-}$ 两种阴离子组分浓度不变，而 $RCOOH\text{-}RCOO^-$ 的组分浓度发生下降。由单矿物浮选试验结果可知，油酸钠作为捕收剂时，金红石最佳浮选 pH 值为 8.1，与形成最大浓度 $RCOOH\text{-}RCOO^-$ 的分子-离子缔合物时的 pH 值相似（pH = 8.44），在这个层面上，分子-离子缔合物是油酸钠捕收剂的活性组分。$RCOOH\text{-}RCOO^-$ 的分子-离子缔合物容易与金红石表面溶解的 Ti^{4+} 发生化学反应，生成浓度积较小的疏水性沉淀物使金红石上浮。图 3-10(e) 表明苯乙烯膦酸在水溶液中主要有三种物质形式，分别是

$C_6H_5C_2H_2PO_3H_2$ 分子、$C_6H_5C_2H_2PO_3H^-$ 和 $C_6H_5C_2H_2PO_3^{2-}$ 阴离子。图 3-10(f)
表明烷基羟肟酸在水溶液中主要有两种物质形式，分别是 HB（烷基羟肟酸）分
子和 B^- 阴离子。在 pH 值小于 8.1 时，溶液中以烷基羟肟酸分子为主，当 pH 值
大于 8.1 时，溶液中以烷基羟肟酸阴离子为主。

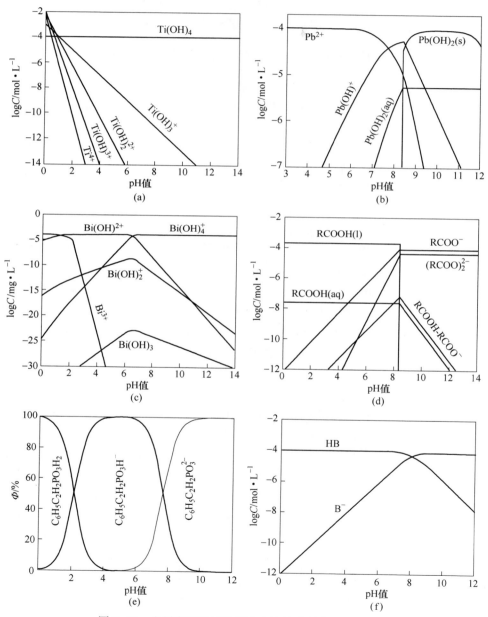

图 3-10　金属离子和捕收剂在水溶液中的化学组分图

3.3.1　油酸钠体系中铅离子对金红石活化作用机制研究

本节通过金红石表面 zeta 电位测试、吸附量等温线测试、红外光谱测试以及原子力显微镜测试等手段研究油酸钠作为浮选捕收剂时，铅离子对金红石浮选的活化机制。

3.3.1.1　zeta 电位测试

图 3-11 为油酸钠作为捕收剂时，铅离子对金红石表面 zeta 电位的影响。在图 3-11(a) 中可以看出，在纯水中金红石的等电点位于 pH 值 3.6 左右，这和先前的报道一致[132]。随着铅离子的加入，金红石表面的 zeta 电位向正电荷方向移动，当 pH 值小于 3.6 时，金红石表面的 zeta 电位增加不大，这是由于自由的 Pb^{2+} 离子很难在带正电荷的金红石表面发生吸附，仅仅只是存在微弱的范德华力，当 Pb^{2+} 离子接近金红石表面的双电层时，又会受到静电排斥力，所以在 pH 值小于 3.6 时，溶液中的铅离子对金红石表面 zeta 电位贡献非常小[36]。当 pH 值大于 3.6 时，金红石表面带正电荷，Pb^{2+} 离子与金红石表面之间的静电相互作用力由相互排斥力转化为相互吸引力，随着 pH 值的增加，他们之间的吸引力逐渐增大，铅离子加入前后金红石表面的 zeta 电位差异增大。随着 pH 值的继续增加，当 pH 值大于 4.6 时，水溶液中的铅离子逐渐形成 $Pb(OH)^+$ 的化合物，并与羟基化的金红石表面通过质子取代反应生成—Ti—O—Pb^+ 的物质，由于化学吸附要比以静电相互作用为主的物理吸附强，所以随着 $Pb(OH)^+$ 浓度的增加，特别是当 pH 值大于 5.6 时，金红石表面的 zeta 电位随着 pH 值的增加反而相应增加，直到 pH 值增加到 7.2 时，金红石表面 zeta 电位达到最大值，继续增加 pH 值，zeta 电位开始下降。图 3-11(b) 和 (c) 为油酸钠加入后，铅离子对金红石表面 zeta 电位的影响。由图 3-11(b) 可知，不存在铅离子时，油酸钠吸附后虽然使金红石表面 zeta 电位整体向负电位方向移动，但是油酸钠加入前后金红石表面的 zeta 电位的差值较小，说明水溶液中以阴离子存在的 RCOOH—$RCOO^-$、$RCOO^-$ 和 $(RCOO)_2^{2-}$ 组分在金红石表面的吸附量较少[133]。结合浮选试验图 3-1 的结果，在不存在铅离子时，油酸钠对金红石单矿物也有很强的捕收能力，并且图 3-10 (c) 显示当 pH 值小于 8.44 时，油酸钠溶液中还是存在大量的油酸分子，所以在没有铅离子活化时，油酸钠在金红石表面的吸附以油酸分子为主，并有少量阴离子吸附。然而，当存在铅离子时，油酸钠的加入使金红石表面 zeta 电位大幅度负移，表明此时有大量阴离子吸附在金红石表面。铅离子加入后，金红石表面等电点由原来的 3.6 移动到 8.5，当 pH 值小于 8.5 时，金红石表面带正电荷，油酸钠溶液中的阴离子组分，如 RCOOH—$RCOO^-$、$RCOO^-$ 和 $(RCOO)_2^{2-}$ 等在静电吸引力的作用下，在金红石表面大量吸附，导致金红石表面 zeta 电位大幅下降，并且 $RCOO^-$ 和 $(RCOO)_2^{2-}$ 与金红石表面吸附的铅离子发生化学反应，生成油酸铅等难溶性物质[134,135]。

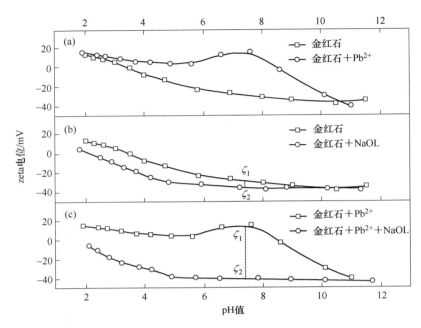

图 3-11　在不同条件下，金红石表面 zeta 电位与 pH 值的变换关系

从图 3-11 中，也可以对油酸钠在金红石表面的吸附密度进行分析。捕收剂离子的吸附密度可以通过 Stern-Grahame 方程推导出[136,137]：

$$\Gamma = kc\exp\left(-\frac{\Delta G_{\mathrm{ads}}^{\ominus}}{RT}\right) \qquad (3-1)$$

式中　k——捕收剂离子吸附系数（小于 1 的常数）；

　　　c——矿浆溶液中捕收剂的浓度；

　　　R——理想气体常数，8.314J/(mol·K)；

　　　T——矿浆溶液的温度；

　$\Delta G_{\mathrm{ads}}^{\ominus}$——标准吸附自由能，可以由下式估算：

$$\Delta G_{\mathrm{ads}}^{\ominus} = ZF\Delta\zeta$$

　　　Z——吸附离子的价态（pH 值为 7.4 时，对于油酸阴离子，$Z=1$）；

　　　F——法拉第常数，96485C/mol；

　　　$\Delta\zeta$——捕收剂吸附前后，zeta 电位的差值，$\Delta\zeta=\zeta_2-\zeta_1$。

图 3-11 的数据通过式（3-1）转化后，吸附密度和油酸钠在金红石表面的吸附自由能显示在表 3-2 中。不管溶液中是否存在铅离子，$\Delta G_{\mathrm{ads}}^{\ominus}$ 都是负值，说明油酸阴离子能够自发地吸附在金红石表面。$\Delta G_{\mathrm{ads}}^{\ominus}$ 值的大小代表捕收剂阴离子在金红石表面的吸附能力的强弱，其值越小，说明吸附能力越强。没有加入铅离子

时，$\Delta G_{ads}^{\ominus}$仅仅只有-0.75，加入铅离子之后，$\Delta G_{ads}^{\ominus}$降低到-5.20，说明铅离子的加入急剧增加了油酸阴离子在金红石表面的吸附能力。

表 3-2   活化作用前后，金红石表面 zeta 电位差异

样品	ζ_2/mV	ζ_1/mV	$\Delta\zeta/mV$	$\Gamma/mol \cdot L^{-1}$	$\Delta G_{ads}^{\ominus}/kJ$
活化前	-36.25	-28.44	-7.81	$kc\exp(0.000303)$	-0.75
活化后	-40.22	13.71	-53.93	$kc\exp(0.00210)$	-5.20

3.3.1.2　接触角测试

为了表征铅离子活化前后，金红石表面疏水性的变化，在较低油酸钠用量下，测量了金红石表面接触角的变化，其结果显示在图 3-12 中。

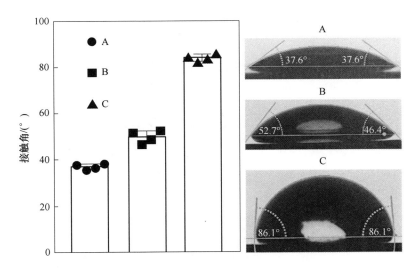

图 3-12　铅离子活化前后，油酸钠对金红石表面接触角的影响

在纯水中，金红石表面的接触角为（37.6±1.5）°，结果表明金红石的天然疏水性非常差。油酸钠吸附后，金红石表面的接触角从 37.6° 仅增加到 48.7°，说明油酸钠在低用量下在金红石表面发生吸附较难，图 3-11（b）也揭示了这一点。研究表明，含钛矿物，例如金红石和钛铁矿，由于表面缺乏捕收剂吸附的活性位点，所以捕收剂在未经活化的金红石表明很难发生化学吸附。然而，油酸钠吸附在铅离子活化后的金红石表面时，其接触角大幅度增加，可以达到 86.1°。油酸钠可以显著提高铅离子活化的金红石表面疏水性。

3.3.1.3　原子力显微镜表征

为了观察铅离子在金红石表面的活化过程，使用原子力显微镜去观察油酸钠在金红石表面的吸附形貌，其结果显示在图 3-13。

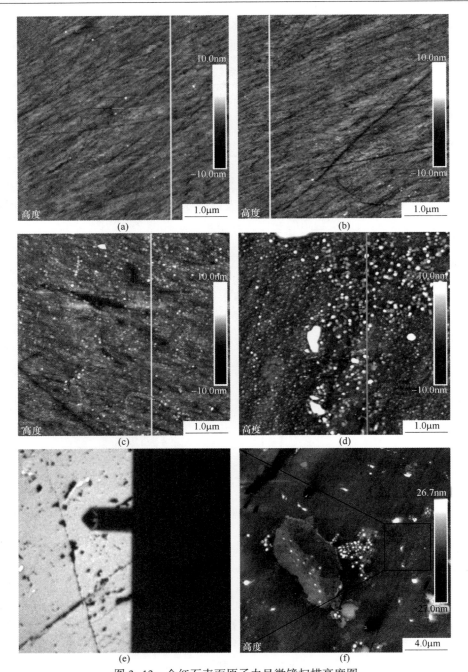

图 3-13　金红石表面原子力显微镜扫描高度图

（扫描范围：（a）~（d）为 5μm×5μm；（f）为 20μm×20μm）

（a）抛光后的金红石表面；（b）吸附油酸钠的金红石表面；（c）吸附铅离子的金红石表面；

（d）和（f）吸附铅离子后在吸附油酸钠的金红石表面；（e）金红石表面和 AFM 探针的光学成像

图 3-13(a) 为纯水中金红石表面的 AFM 形貌，可以观察到金红石表面非常平整，其表面粗糙度仅仅只有 0.89nm，说明经过抛光后的金红石表面满足 AFM 在纳米尺度高分辨的测量要求。

没有铅离子存在时，油酸钠在金红石表面的吸附形貌显示在图 3-13(b)。油酸钠吸附前后，在金红石表面没有观察到明显的变化，只是吸附后金红石表面的粗糙度由 0.89nm 增加到 0.985nm，粗糙度的轻微增加说明可能仅有少量的油酸钠吸附在金红石表面。

铅离子在金红石表面的吸附行为显示在图 3-13(c)。铅离子吸附后，金红石表面出现许多圆形的物质，它们几乎覆盖了整个金红石表面。并且这些圆形物质的直径分布非常均匀，都集中在 40nm 附近。这些圆形的物质是由多个含铅离子的化合物集聚而形成。然而其高度差异较大，从 0.5nm 到 3.0nm，可能是单层和多层吸附导致。参考先前的研究结果[36,134,135]，这些圆形的物质可能是铅的氢氧化物及其水合物，它们主要以静电相互作用力吸附在金红石表面。

油酸钠在铅离子活化后的金红石表面吸附形貌显示在图 3-13(d) 和 (f)。为了观察整体的吸附形貌，进行了一个大范围的扫描（20μm×20μm）。图 3-13(f) 显示油酸钠在活化后的金红石表面形成集聚体，能够清楚地观察到油酸钠集聚成薄膜形状，并且在形成的薄膜上面还有油酸钠的集聚。油酸钠在活化后的金红石表面的吸附高度（包括铅的氢氧化物及其水合物和水层的高度）主要分布在 5.2~10.3nm。这个现象和文献中报道的表面活性剂在矿物表面的吸附相类似[138~140]。为了进一步揭示铅离子对金红石表面的活化影响，在图 3-13(f) 中方形区域进行放大扫描，其结果显示在图 3-13(d)，其扫描范围为 5μm×5μm。从图 3-13(d) 中可以清楚地发现也有许多圆形的物质出现在活化的金红石表面，但是和图 3-13(c) 中的形貌差别比较大。油酸钠吸附后，这些圆形物质的直径要比吸附前大一些，并且高度差别也很大。这些区别明显是油酸钠在活化后的金红石表面发生吸附所导致的。另一方面，油酸钠吸附后，能明显地观察到圆形物质的集聚现象，而在油酸钠吸附前很难观察到这个现象。这可能是因为疏水作用的诱导，捕收剂在水溶液中发生团聚的概率比较大[141~143]。

图 3-14 为在图 3-13(a)~(d) 中浅色线条所经过区域的 AFM 高度分析。从高度图中可以知道，油酸钠在未经活化的金红石表面吸附后，其垂直高度仅轻微地增加，这和 zeta 电位测试和接触角测试结果相一致，都说明油酸钠在未经活化的金红石表面的吸附能力较差。金红石表面经铅离子处理后，在高度上有明显的差异，这说明铅离子已经成功地吸附在金红石表面，并可以作为金红石表面的活性位点。从高度图上可以进一步发现，铅离子在金红石表面的吸附可以是单层的也可以是双层的。油酸钠在活化后的金红石表面吸附后，吸附高度急剧增加，表

明油酸钠可以大量地吸附在活化后的金红石表面，并以铅离子的氢氧化物作为活性位点[134,135]。

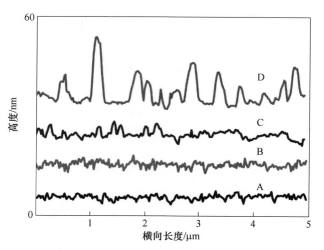

图 3-14　金红石表面原子力显微镜扫描垂直高度图

A—抛光后的金红石表面；B—油酸钠吸附后的金红石表面；
C—铅离子吸附后的金红石表面；D—油酸钠吸附被铅离子活化金红石表面

3.3.2　苯乙烯膦酸体系中铋离子对金红石活化作用机制研究

3.3.2.1　离子溶解和取代

从金红石单矿物的元素分析结果中发现，含钙矿物占了杂质含量的很大一部分比例，而含钙矿物在强酸性条件下很容易被溶解。图 3-15 为矿浆中钙离子的

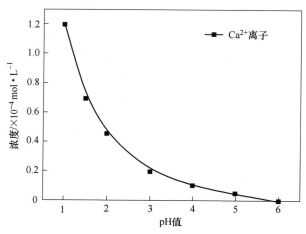

图 3-15　矿浆溶液中钙离子浓度随溶液 pH 值的变化关系

浓度随溶液 pH 值的变化关系。矿浆中钙离子的溶度随着 pH 值的降低而升高，特别在 pH 值为 1~2 时，随着 pH 值的降低钙离子浓度急剧增加。这个现象表明，金红石表面的含钙杂质在酸性条件下发生溶解，特别在 pH 值 1~2 时，溶解过程被加快。结合回收率曲线（图 3-9（a）），当矿浆 pH 值在 1~2 时，未经活化的金红石浮选回收率随着 pH 值的下降而缓慢降低，这可能是在强酸性条件下，金红石表面含钙活性位点被溶解所致[144,145]。

表 3-3 列出了几种金属离子的六水合物半径[146]。从表中可以发现，钙离子的六水合物半径为 0.114nm，而铋离子的六水合物半径为 0.117nm，它们在空间位阻上相匹配，所以钙离子溶解后留下的空位也只有铋离子可以取代。由于铋离子为 +3 价态，取代 +2 价态的钙离子后，形成缺电子的表面，而缺电子表面的形成有利于带负电荷的捕收剂发生吸附。

表 3-3　水合金属离子半径（均为 6 个水分子配位）

金属离子	Ca^{2+}	Fe^{2+}	Fe^{3+}	Mg^{2+}	Al^{3+}	Pb^{2+}	Bi^{3+}
半径/nm	0.114	0.092	0.0785	0.086	0.0675	0.133	0.117

3.3.2.2　zeta 电位测试

金属阳离子在矿物表面的吸附不可避免地导致表面电荷的改变[144,145]。图 3-16 为铋离子和苯乙烯膦酸对金红石表面 zeta 电位的影响，从图中可以发现纯水中金红石的等电点在 pH=3.5 左右，铋离子加入后，其等电点向正电荷方向移动到 4.5 左右。铋离子的加入使得金红石表面的 zeta 电位整体正移，其中在 pH 值为 2.5~3 范围内移动的最大，而铅离子活化后，金红石的最佳浮选 pH 值范围是 1.8~2.7。

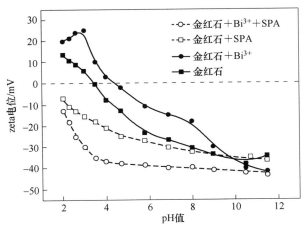

图 3-16　金红石表面 zeta 电位随 pH 值的变化关系

3.3.2.3　XPS 分析

铋离子吸附后，金红石表面的 XPS 全谱以及 O、Ti 和 Bi 元素的高分辨图谱如图 3-17 所示。

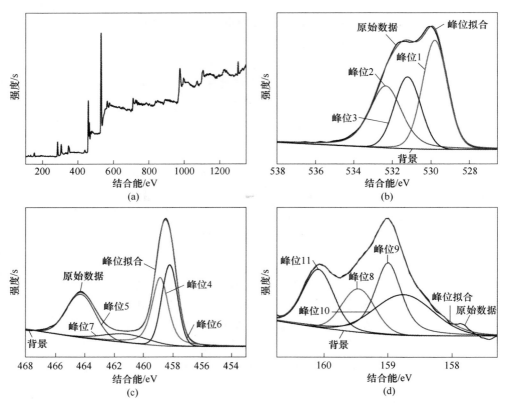

图 3-17　铋离子吸附前后金红石表面的 X-光电子能谱全谱和高分辨扫描

(a) 全谱；(b) O 1s 拟合；(c) Ti 2p 拟合；(d) Bi 4f$_{5/2}$ 拟合

在图 3-17(a) 中，能够明显地发现在 162eV 处出现了一个峰，这是 Bi 4f 的特征峰，说明铋离子可以以某种化合物的形式吸附在金红石表面。为了提取金红石表面的化学信息，进行了 O、Ti 和 Bi 元素的高分辨 XPS 扫描，通过拟合测试结果，将 XPS 峰值的参数及化学状态列在表 3-4 中。

表 3-4　铋离子吸附后金红石表面的 O 1s、Ti 2p 和 Bi 4f$_{5/2}$ XPS 参数及化学状态

原子轨道	峰位	结合能/eV	化学态
	峰位 1	531.19	Ti—O—Bi（金红石表面）
O 1s	峰位 2	532.34	氢氧化物（金红石表面）
	峰位 3	529.79	Ti—O—Ti（金红石内部）

原子轨道	峰位	结合能/eV	化学态
Ti 2p	峰位 4	458.84	O—Ti—O(Ti 2p$_{3/2}$)（金红石内部）
	峰位 5	464.24	O—Ti—O(Ti 2p$_{1/2}$)（金红石内部）
	峰位 6	458.19	Ti—OH （金红石表面）
	峰位 7	461.19	Ti—O—Bi^{2+} （金红石表面）
Bi 4f$_{5/2}$	峰位 8	159.47	氢氧化物 （金红石表面）
	峰位 9	158.99	氢氧化物 （金红石表面）
	峰位 10	158.74	氢氧化物 （金红石表面）
	峰位 11	160.10	Ti—O—Bi^{2+} （金红石表面）

图 3-17（b） 为 O 1s 的高分辨 XPS 光谱，并拟合出 3 个化学组分。峰 1 出现的位置是 531.19eV[146,147]，可以归咎于金红石表面的 Ti—O—Bi 中 O^{2-} 状态。峰 2 出现的位置是 532.34eV，属于金红石表面吸附的氢氧化物中 O^{2-} 状态[148]，包括 Ti—OH 和 Bi—OH。峰 3 位于 529.72eV，明显是金红石体相的 O^{2-} 状态[146]。

图 3-17（c） 为 Ti 2p 的高分辨 XPS 光谱，并拟合了 4 个吸收峰。峰 4 （458.84eV） 和峰 5（464.24eV） 明显属于金红石体相中 Ti 2p 的 XPS 光谱特征[36,149,150]。结合先前 O 1s 的分析结果，峰 6（458.19eV） 和峰 7（461.19eV） 可以归咎于金红石表面的 Ti—OH 和 Bi—OH 中 Ti^{4+} 状态。

图 3-17（d） 为 Bi 4f$_{5/2}$ 的高分辨 XPS 光谱，并拟合了 4 个化学组分。峰 8 （159.47eV）、峰 9（158.99eV） 和峰 10（158.74eV） 可以归咎于铋离子的氢氧化物中 Bi 4f$_{5/2}$ XPS 光谱，这个和先前文献中的结果非常相似[151]。这与之前关于铋离子在酸性条件下对金红石表面的活化机制猜想相一致，说明铋离子在酸性条件下可以以羟基化合物的形式吸附在金红石表面。峰 11 的能量为 160.10eV，明显高于峰 8~10，说明铋离子的氢氧化物中的氢元素被某种吸电子能力更强的元素取代。峰 11 有可能是 Ti—O—Bi^{2+} 化合物中 Bi 4f$_{5/2}$ XPS 光谱，并且峰 2 也证明了金红石表面有 Ti—O—Bi^{2+} 化合物的存在。

综上所述，在 pH 值为 2.0 左右时，铋离子以 （Bi(OH)$_n^{(3-n)+}$） 的形式吸附在金红石表面，并与羟基化的金红石表面上 Ti—OH 发生质子取代反应，生成 Ti—O—Bi^{2+} 化合物。

3.3.2.4 铋离子对金红石活化作用机制模型

苯乙烯膦酸作为捕收剂时，铋离子的存在可以增加金红石表面的 zeta 电位，并以羟基化合物的形式吸附在金红石表面，这样大幅度增加了苯乙烯膦酸在金红石表面的吸附量，因此改善了金红石的疏水性，提高了金红石的浮选回收率。铋离子活化金红石浮选的机制模型如图 3-18 所示，可以得出以下结论：

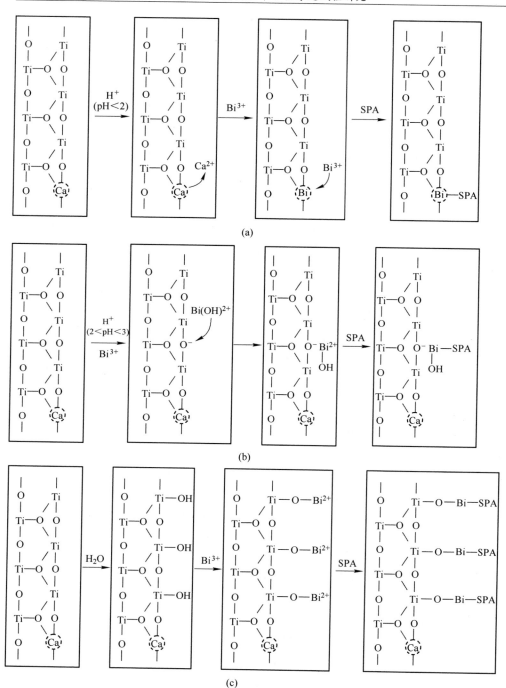

图 3-18　铋离子对金红石浮选的活化机制模型

（a）占据溶液的钙离子空位；（b）质子取代反应；（c）以氢氧化物的形式增加表面的活性位点

（1）金红石表面的含钙杂质在强酸条件下溶解，溶液中的铋离子刚好占据了钙离子留下的空位，如图 3-18(a) 所示。

（2）铋离子与羟基化的金红石表面发生质子取代反应，生成 $Ti—O—Bi^{2+}$ 的化合物，如图 3-18(b) 所示。

（3）铋离子以羟基化合物的形式吸附在金红石表面，增加了苯乙烯膦酸的吸附位点，如图 3-18(c) 所示。

3.4 本章小结

（1）主要探索了四种捕收剂对金红石和角闪石单矿物捕收性能的影响，捕收能力大小顺序为：油酸钠>苯甲羟肟酸>苯乙烯膦酸>甲苯胂酸；选择性大小顺序为：苯乙烯膦酸>甲苯胂酸>苯甲羟肟酸>油酸钠。并且发现油酸钠在弱碱性条件下的浮选效果最佳，而苯乙烯膦酸在强酸性条件下的浮选效果最佳。

（2）油酸钠作为捕收剂时，铅离子对金红石的浮选有显著的活化作用，最佳活化 pH 值区间为 5.5~8.5。苯乙烯膦酸作为捕收剂时，铋离子对金红石的浮选有显著活化作用，最佳活化 pH 值区间为 1.7~3.0。它们对金红石浮选的活化作用机制有较多相似点：首先，它们都能增加金红石表面 zeta 电位，使得阴离子捕收剂（油酸根阴离子和苯乙烯膦酸阴离子）在金红石表面的吸附作用增强（以静电吸引力为主）；其次，它们都是主要以羟基化合物的形式吸附在金红石表面，增加捕收剂吸附的活性位点；最后，它们都是以质子取代反应的形式和捕收剂发生相互作用。不同点是，强酸性条件下，铋离子可以占据金红石表面含钙杂质元素溶解后空位。

4 枣阳原生金红石矿浮选
药剂制度流程研究

　　本章对油酸钠和羟肟酸组合捕收剂以及苯乙烯膦酸和正辛醇组合捕收剂对枣阳原生金红石矿的浮选行为进行研究，为后续浮选捕收剂的选择以及药剂制度流程制定参考和依据。浮选捕收剂筛选流程见图4-1。

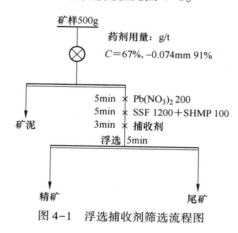

图4-1　浮选捕收剂筛选流程图

4.1　油酸钠和烷基羟肟酸组合捕收剂对金红石浮选行为的影响

4.1.1　油酸钠用量对浮选行为的影响

　　采用图4-1流程进行单独油酸钠用量试验，磨矿细度为-0.074mm占91%，预先采用虹吸脱泥后进行浮选试验，矿浆pH值调整为8.5。试验结果如图4-2所示。

　　由图4-2浮选试验结果可知，随着油酸钠用量的增加，金红石的浮选回收率急剧增加。当油酸钠用量达到1200g/t时，金红石的浮选回收率达到最大值，继续增加油酸钠用量时，金红石的浮选回收率反而有所下降。而金红石精矿的品位随着油酸钠用量的增加，呈现先增加后降低的趋势，在油酸钠用量为800g/t时，出现最大值。由于当金红石精矿品位达到最大值（14.36%）时，金红石的浮选回收率才66.32%，而当金红石的浮选回收率达到最大值（84.26%）时，金红石精矿的品位达到13.27%，所以油酸钠为1200g/t被选择作为后续试验的捕收剂

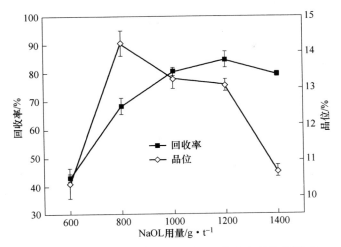

图 4-2 油酸钠用量对金红石浮选回收率和品位的影响
（pH=8.5）

用量。

4.1.2 矿浆 pH 值对浮选行为的影响

采用图 4-1 流程进行 pH 值条件试验，磨矿细度为 -0.074mm 占 91%，预先采用虹吸脱泥后进行浮选试验，油酸钠的用量为 1200g/t。试验结果见图 4-3。

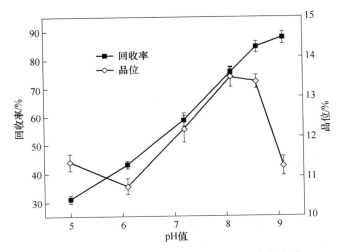

图 4-3 pH 值对金红石浮选回收率和品位的影响
（固定油酸钠的用量为 1200g/t）

由图 4-3 可知，金红石的浮选回收率随着 pH 值的增加快速增加，但是精矿中金红石的品位在 pH 值为 8 时达到最大值，pH 值小于 8 或者大于 8.6 时，精矿中金红石的品位急剧下降。最后选择矿浆 pH 值为 8.6 作为后续浮选矿浆 pH 值条件，此时金红石的浮选回收率为 84.26%，精矿中金红石的品位为 13.37%。

4.1.3 烷基羟肟酸比例对浮选行为的影响

采用图 4-1 流程进行 pH 值条件试验，磨矿细度为 $-0.074mm$ 占 91%，预先采用虹吸脱泥后进行浮选试验，固定捕收剂总用量为 1200g/t，矿浆 pH 值为 8.6。试验结果见图 4-4。

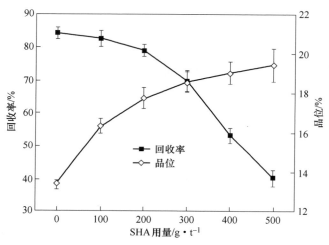

图 4-4 SHA 的用量对金红石浮选回收率和品位的影响

（固定捕收剂用量 1200g/t，矿浆 pH 值调整为 8.6）

由图 4-4 可知，当固定总捕收剂用量为 1200g/t 时，随着羟肟酸用量的增加，精矿中金红石的品位先快速增加后缓慢增加，同时金红石的浮选回收率先缓慢降低后快速降低。说明羟肟酸对于金红石有很好的选择性捕收作用，然而捕收能力不如油酸钠。选择精矿中金红石品位由快速增加到缓慢增加的改变点，发现也是回收率有缓慢降低到快速降低的改变点，此时羟肟酸的用量为 200g/t，油酸钠的用量为 1000g/t。油酸钠与羟肟酸的用量比例为 5∶1，后续的精选和扫选也用的是这个比例。

4.2 苯乙烯膦酸和正辛烷组合捕收剂对金红石浮选行为的影响

4.2.1 苯乙烯膦酸用量对浮选行为的影响

采用图 4-1 流程进行单独油酸钠用量试验，磨矿细度为 $-0.074mm$ 占 91%，预先采用虹吸脱泥后进行浮选试验，矿浆 pH 值调整为 5.0。试验结果如图 4-5 所示。

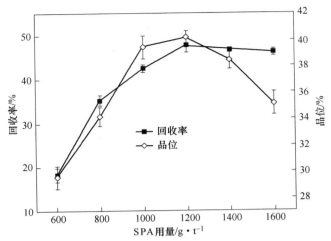

图 4-5 苯乙烯膦酸用量对金红石浮选回收率和品位的影响
（pH=5.0）

由图 4-5 可知，随着苯乙烯膦酸用量的增加，金红石的浮选回收率先急剧增加后趋向于稳定，而精矿中金红石的品位先增加后降低，在苯乙烯膦酸用量为 1200g/t 时，精矿中金红石的品位达到最大值（46.83%），此时金红石的浮选回收率趋于稳定（54.68%）。对比图 4-2 的结果，可以发现：苯乙烯膦酸对于金红石有较强的选择性，同时捕收能力很差，然而油酸钠则有较强的捕收能力，同时选择性很差。

4.2.2 矿浆 pH 值对浮选行为的影响

采用图 4-1 流程进行单独油酸钠用量试验，磨矿细度为-0.074mm 占 91%，预先采用虹吸脱泥后进行浮选试验，苯乙烯膦酸用量为 1200g/t。试验结果如图 4-6 所示。

由图 4-6 可知，随着矿浆 pH 值的增加，金红石的浮选回收率快速降低，然而降低程度非常小，基本上维持在 45.7% ~ 47.2% 之间。由此可见，矿浆 pH 值越低苯乙烯膦酸对金红石的浮选能力越强，但是由于在粗选过程中，大量的碱性脉石矿物存在，导致需要使用大量的酸才能降低矿浆 pH 值，而且 pH 值越低调节难度越大。

4.2.3 正辛醇比例对浮选行为的影响

采用图 4-1 流程进行单独油酸钠用量试验，磨矿细度为-0.074mm 占 91%，预先采用虹吸脱泥后进行浮选试验，总药剂用量为 1200g/t，矿浆 pH 值调整为 4.5。试验结果如图 4-7 所示。

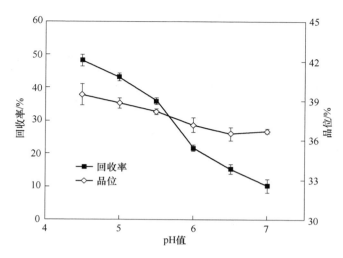

图 4-6　pH 值对金红石浮选回收率和品位的影响
（固定苯乙烯膦酸用量为 1200g/t）

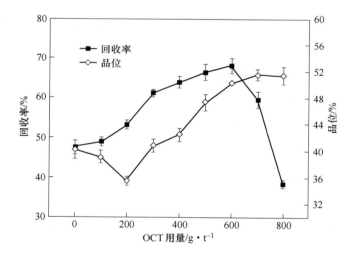

图 4-7　正辛醇（OCT）的用量对金红石浮选回收率和品位的影响
（固定总捕收剂用量为 1200g/t，pH 值为 4.5）

　　由图 4-7 可知，随着混合捕收剂中正辛醇浓度的增加，金红石的浮选回收率先增加后降低，在正辛醇用量为 600g/t 时，达到最大值（79.64%）。精矿品位则先降低后升高，当正辛醇用量达到 700g/t 时，基本上达到平衡值。综合考虑，正辛醇用量为 600g/t，即混合捕收剂中苯乙烯膦酸和正辛醇比例为 1∶1 时，为最佳的药剂方案。

4.3 药剂制度对浮选行为的影响

本次试验是在课题组大量试验的基础上加入了一些创新的元素，所以整体的试验方案是参考和借鉴课题组之前的研究结果[13,15,16,43,152~154]。根据单矿物试验结果，弱碱性条件下使用硝酸铅作为金红石浮选的活化剂，酸性条件下使用硝酸铋作为浮选的活化剂。

从上述的试验中可以看出，这两组捕收剂，即油酸钠+烷基羟肟酸和苯乙烯膦酸+正辛醇的浮选条件和行为是不同的。油酸钠+烷基羟肟酸的组合捕收剂适合于弱碱性的浮选环境，在酸性条件下几乎没有捕收能力；而苯乙烯膦酸+正辛醇的组合正好相反。在油酸钠+烷基羟肟酸的浮选体系中，浮选粗精矿中金红石的浮选回收率相对较高（80%），而品位较低，适合于粗选的抛尾。在苯乙烯膦酸和正辛醇的体系中，浮选粗精矿中金红石的回收率较低（67.45%），但是品位相对较高（约50%），适合于精选。提出的用药原则是在最终精矿指标相似的情况下，尽量多地使用油酸钠组合捕收剂，而尽量少地使用苯乙烯膦酸组合捕收剂，以达到降低成本，减少环境污染的目的。

为了比较组合捕收剂对金红石矿的浮选分离效果，设计了三个闭路试验来验证之前的猜想，即油酸钠+烷基羟肟酸用于粗选和扫选的捕收剂，苯乙烯膦酸+正辛醇作为精选的捕收剂。试验流程如图4-8所示，试验结果列于表4-1中。图4-8(a) 显示的是整个流程全部使用油酸钠+烷基羟肟酸作为捕收剂，表4-1中

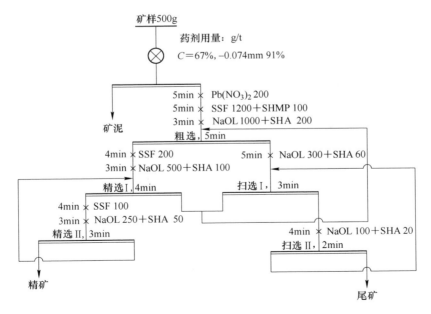

(a)

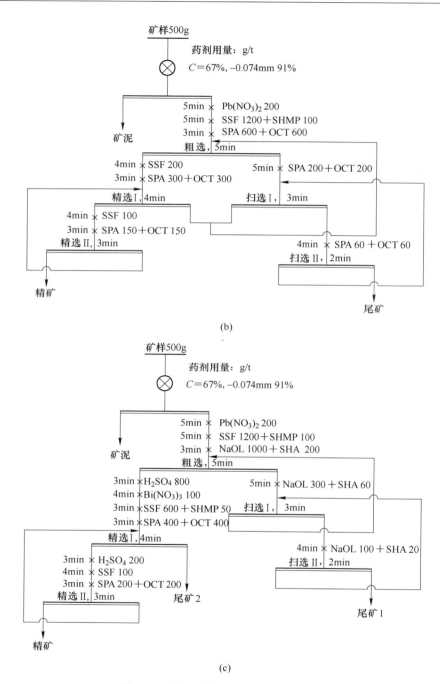

图 4-8 金红石实际矿石浮选闭路流程

（a）油酸钠和烷基羟肟酸作为浮选捕收剂；（b）苯乙烯膦酸和正辛醇作为浮选捕收剂；

（c）油酸钠和烷基羟肟酸作为粗选和扫选的捕收剂，苯乙烯膦酸和正辛醇作为精选的捕收剂

结果表明：金红石精矿中 TiO_2 回收率达到 87.01%，表明油酸钠和烷基羟肟酸有着较强的捕收能力，然而精矿中 TiO_2 品位仅为 38.68%，远不到要求的指标，这也是油酸钠不能作为枣阳原生金红石矿浮选捕收剂的原因。全部用苯乙烯膦酸+正辛醇作为捕收剂的试验流程如图 4-8(b) 所示，其浮选指标列于表 4-1 中，可以看出：金红石精矿中 TiO_2 回收率能达到 85.91%，品位接近 68.2%，这个流程的浮选指标要优于图 4-8(a) 中的流程指标。但是这个流程的缺点也比较明显：首先，苯乙烯膦酸在整个流程中的用量很大，导致选矿药剂的成本过高；其次，由于耗酸的脉石矿物较多，导致硫酸的消耗过大；最后，由于整个流程都是在酸性条件下进行，对设备的腐蚀严重。结合图 4-8(a) 和 (b) 流程相互的优势，设计了图 4-8(c) 的流程，粗选和扫选使用油酸钠+烷基羟肟酸作为捕收剂，精选采用苯乙烯膦酸+正辛醇作为浮选的捕收剂，其结果列于表 4-1 中。结果显示：金红石精矿中 TiO_2 的回收率为 83.4%，但是其品位可以达到 78.7%，其浮选指标参考图 4-8(a) 和 (b) 的流程指标，达到了设计的要求。图 4-8(c) 的流程不仅达到了流程设计的指标要求，并且还解决了枣阳金红石矿现在使用的 (图 4-8(b) 所示的药剂流程) 流程存在的一些问题：首先，主要使用的捕收剂是油酸钠，苯乙烯膦酸的用量相比图 4-8(b) 的药剂制度减少了 70% 以上，大大降低了选矿药剂的成本；其次，碱性条件下的粗选已经去除了绝大部分的耗酸矿物，使得精选过程中的酸耗量大幅降低；再次，由于整个流程只有精选在酸性条件下进行，对设备抗腐蚀的要求降低；最后，精矿中金红石的品位从 68.2% 提高 78.7%，大幅降低了后续提纯过程的压力。

表 4-1 闭路流程试验结果

浮选流程	产品名称	产率/%	品位/%	回收率/%
A	精矿	7.40	38.68	87.01
	尾矿	90.60	0.43	11.84
	矿泥	2.01	1.89	1.15
	给矿	100.00	3.29	100.00
B	精矿	4.03	68.22	85.91
	尾矿	93.67	0.44	12.78
	矿泥	2.31	1.83	1.31
	给矿	100.00	3.20	100.00
C	精矿	3.51	78.68	83.43
	尾矿1	89.76	0.42	11.39
	尾矿2	4.63	2.89	4.04
	矿泥	2.01	1.89	1.15
	给矿	100.00	3.31	100.00

4.4　油酸钠和苯乙烯膦酸在金红石和角闪石表面吸附机制研究

　　枣阳原生金红石矿的浮选闭路试验证明了油酸钠作为主要捕收剂在碱性条件下进行粗选和扫选，苯乙烯膦酸作为主要捕收剂进行精选的试验方案是合理的，浮选指标要优于粗选和精选使用同样捕收剂时的指标。本节内容是为了探究浮选指标提高的内在机制。

4.4.1　吸附量测定

　　为了揭示 pH 值不同条件下，金红石精矿品位和回收率差异的原因，测量了不同矿浆 pH 值条件下油酸钠和苯乙烯膦酸在金红石和角闪石表面的吸附量情况。结果如图 4-9 和图 4-10 所示。

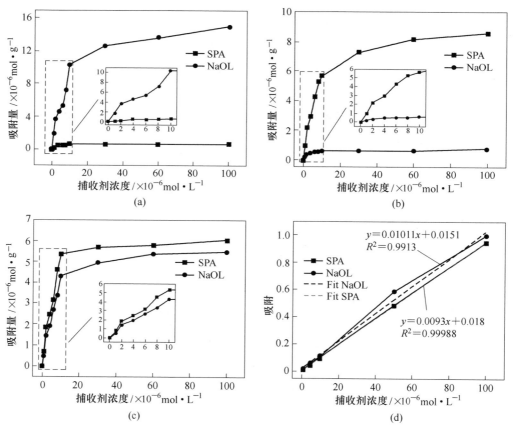

图 4-9　捕收剂在金红石表面的吸附量随浓度的变化关系

（a）pH=8.5；（b）pH=2.5；（c）pH=8.5 时吸附处理 30min 后，调整到 pH=2.5；
（d）油酸钠和苯乙烯膦酸的吸附标准曲线

图 4-9 为苯乙烯膦酸和油酸钠在金红石表面的吸附量随捕收剂浓度的变化。图 4-9(a) 表明，在 pH 值为 8.5 时，油酸钠在金红石表面有较强的吸附能力，当油酸钠的初始浓度为 $3.5×10^{-5}$ mol/L 时，油酸钠在金红石表面的吸附平衡值达到最大值，约为 $13.15×10^{-6}$ mol/g，此 pH 值条件下苯乙烯膦酸基本上不在金红石表面吸附，这与单矿物浮选结果相一致。在图 4-9(b) 中观察到了相反的结果：在矿浆 pH 值为 2.5 时，苯乙烯膦酸在金红石表面具有较强的吸附能力，而油酸钠基本上不在金红石表面发生吸附。然而，在 pH 值为 2.5 时，苯乙烯膦酸在金红石表面的吸附平衡值约为 $6.83×10^{-6}$ mol/g，要远低于油酸钠在 pH 值为 8.5 时在金红石表面的吸附平衡值（$13.15×10^{-6}$ mol/g），这也间接地说明了油酸钠的捕收能力要比苯乙烯膦酸好的原因。

要充分地利用油酸钠和苯乙烯膦酸在不同条件下对同一种金红石矿原料进行浮选的分离，就必须使其各尽其责。在单矿物浮选试验中，发现油酸钠在碱性矿浆条件下对金红石的捕收能力最强，并且价格相对便宜、对环境的污染最小，所以油酸钠可以作为主要的浮选捕收剂。而苯乙烯膦酸在酸性条件下能选择性地对金红石进行捕收，价格较贵，由于属于含膦有机物，对环境污染相对较大，所以苯乙烯膦酸只能少量地使用。根据这两种主要捕收剂的特点，设计出一种最优化的解决方案：油酸钠作为粗选和扫选时的捕收剂，而苯乙烯膦酸作为精选时的捕收剂。由于油酸钠的捕收能力强，所以在粗选和扫选时尽可能多地回收金红石，然而原矿中金红石 TiO_2 品位仅为 2.43%，所以大部分的脉石矿物都可以在粗选阶段去除，这样大幅度减少了精矿的给矿量，为苯乙烯膦酸提供了较好的捕收环境，而酸性条件下硅酸盐矿物的可浮性均很差。由于粗精矿携带的捕收剂为油酸钠，进入精选阶段后是否对苯乙烯膦酸的捕收作用产生影响？图 4-9(c) 为油酸钠在碱性条件下吸附饱和后，再转入到酸性条件下吸附苯乙烯膦酸。可以发现：此时，油酸钠在金红石表面的吸附量要比直接在酸性条件下吸附更大，但是比在碱性条件下小一些，其吸附平衡值为 $5.12×10^{-6}$ mol/g；苯乙烯膦酸在金红石表面的吸附平衡值为 $5.86×10^{-6}$ mol/g，比酸性条件下的 $6.83×10^{-6}$ mol/g 略小。说明了矿浆 pH 值条件下的变化对油酸钠在金红石表面的吸附有一定的影响，原本在碱性条件下吸附的油酸钠会在进入酸性条件后部分再次溶解到矿浆溶液中，但是油酸钠的吸附对苯乙烯膦酸在金红石表面的吸附只有轻微的影响。

在图 4-9(d) 中，通过配制苯乙烯膦酸和油酸钠的标准溶液（$1×10^{-6}$ mol/L、$5×10^{-6}$ mol/L、$10×10^{-6}$ mol/L、$50×10^{-6}$ mol/L 和 $100×10^{-6}$ mol/L）获得分析标准曲线，两条拟合的曲线的 R^2 值分别为 0.9998 和 0.9913，表明研究范围内捕收剂的吸光度和浓度之间存在较好的线性相关。

图 4-10 为油酸钠和苯乙烯膦酸在角闪石表面的吸附量随捕收剂浓度的变化关系。图 4-10(a) 显示当矿浆 pH 值为 8.5 时，油酸钠在角闪石表面的吸附量较

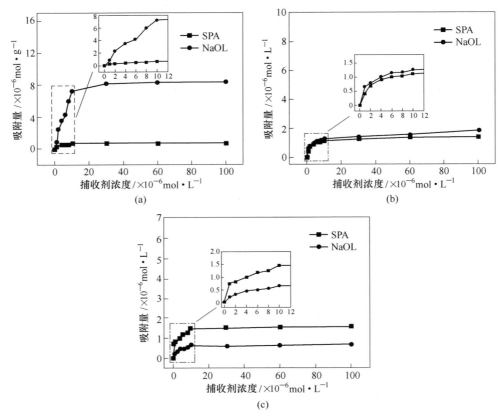

图4-10 捕收剂在角闪石表面的吸附量随捕收剂浓度的变化关系
（a）pH=8.5；（b）pH=2.5；（c）pH=8.5时吸附处理30min后，调整到pH=2.5

大，其吸附平衡值为$7.3×10^{-6}$mol/g，比同样条件下油酸钠在金红石表面的吸附量小很多，而苯乙烯膦酸在碱性条件下基本上不在角闪石表面吸附。图4-10(b)显示在酸性条件下，苯乙烯膦酸和油酸钠在角闪石表面的吸附量非常小，结合图4-9(b)的结果，这为酸性条件下苯乙烯膦酸作为捕收剂分离角闪石和金红石提供了理论依据。碱性条件下，油酸钠和苯乙烯膦酸分别在角闪石表面吸附30min达到饱和后，再将矿浆pH值调整到2.5，达到吸附饱和后，苯乙烯膦酸和油酸钠在角闪石表面的吸附结果如图4-10(c)所示。可以发现，在此条件下油酸钠在角闪石表面的吸附能力非常差，说明原本在碱性条件下吸附在角闪石表面的油酸钠在酸性条件下基本上全部溶解到矿浆溶液中，而苯乙烯膦酸在此条件下在角闪石表面的吸附情况和单纯的酸性条件相当。对比图4-9(c)的结果，发现矿浆溶液经历酸碱转化后，油酸钠在金红石表面的吸附量有所降低，但有接近40%仍然吸附在金红石表面；而油酸钠在角闪石表面的吸附量大幅降低，绝大部分的油酸钠在酸性条件下溶解到矿浆溶液中，这种现象有利于精选过程中角闪石和油酸钠的分离。值得注意的是在酸性条件下，苯乙烯膦酸在金红石表面的吸附能力要远大于在角闪石表面的吸附能力，所以油酸钠在碱性条件进行粗选和扫选，苯乙烯膦酸在酸性条件下进行精选是合理的。

4.4.2　接触角测试

为了进一步探索矿浆 pH 值变化后，金红石和角闪石表面疏水性的变化规律，测量了水滴在油酸钠和苯乙烯膦酸在不同 pH 值条件下处理过的金红石和角闪石表面的接触角，其结果如图 4-11 所示。

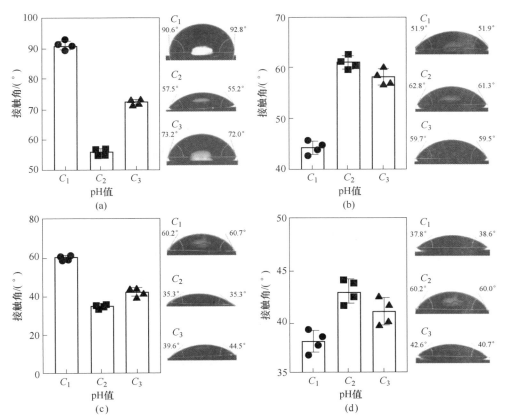

图 4-11　不同溶液 pH 值条件下矿物表面的接触角

（a）油酸钠吸附在金红石表面；（b）苯乙烯膦酸吸附在金红石表面；

（c）油酸钠吸附在角闪石表面；（d）苯乙烯膦酸吸附在角闪石表面

C_1—pH = 8.5；C_2—pH = 2.5；C_3—pH 值为 8.5 时吸附处理 30min 后，调整到 pH = 2.5

图 4-11（a）为水滴在不同 pH 值条件下油酸钠吸附后的金红石表面的接触角，可以看出：当 pH 值为 8.5 时，油酸钠吸附后的金红石表面的接触角可以达

到 91.7°；而 pH 值为 2.5 时，金红石表面的接触角只有 56.3°；pH 值为 8.5 时，当油酸钠在金红石表面吸附 30min 后，将 pH 值调整到 2.5，金红石表面的接触角可以增加到 72.6°。这说明 pH 值由碱性转化到酸性后，原本在碱性条件下吸附在金红石表面的油酸钠有少部分解析到溶液中，另外一部分仍然吸附在金红石表面，这与吸附量测试的结果相一致。水滴在经过苯乙烯膦酸处理过的金红石表面的接触角结果如图 4-11(b) 所示，在碱性条件下，金红石表面的接触角仅有 43.8°，然而当最终的 pH 值为 2.5 时，接触角可以达到 61.5° (C_2) 和 59.6° (C_3)，说明 pH 值的变化对苯乙烯膦酸在金红石表面的吸附影响不大，只要是在酸性条件下，苯乙烯膦酸在金红石表面都有较高的吸附密度。水滴在不同 pH 值条件下油酸钠吸附后的角闪石表面的接触角测量结果如图 4-11(c) 所示，可以看出在碱性条件下，油酸钠吸附后的角闪石表面的疏水性得到改进（接触角达到 60.1°）。而最终 pH 值为酸性时，角闪石表面的疏水性非常差（接触角分别为 38.2° 和 40.3°），说明碱性条件下吸附在角闪石表面的油酸钠在酸性环境下绝大部分解析到溶液中，只有少部分残留在角闪石表面，这也和吸附量的测试结果相一致。最后苯乙烯膦酸处理后的角闪石表面的疏水性结果如图 4-11(d) 所示，可以发现这三种条件下，角闪石表面的疏水性都很差（C_1 = 38.2°、C_2 = 43.1° 和 C_3 = 41.1°），这说明苯乙烯膦酸几乎不吸附在角闪石表面。

4.5　油酸钠和苯乙烯膦酸在金红石和角闪石表面吸附模型

油酸钠和苯乙烯膦酸作为枣阳原生金红石矿浮选分离的捕收剂，该矿中脉石矿物以角闪石为主，约占 67.3%。由于油酸钠的捕收能力强、成本低、污染小等特点，将其作为粗选和扫选时的捕收剂；而苯乙烯膦酸对金红石具有高度的选择性、生产成本高、环境污染较大等特点，将其作为精选的捕收剂。在粗选和精选过程中，提出了油酸钠和苯乙烯膦酸分别在金红石和角闪石表面的吸附机制模型，见图 4-12。粗选过程既保证了金红石高的浮选回收率，又抛掉了接近 80% 的脉石矿物。在油酸钠吸附后，金红石和角闪石表面的疏水性存在较大的差异，

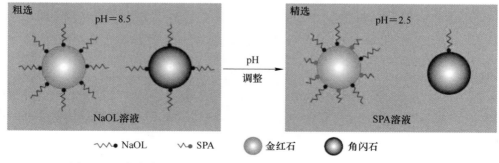

图 4-12　油酸钠和苯乙烯膦酸在金红石和角闪石表面的吸附机制模型

然而由于原矿中角闪石所占的比例（67.33%）要远高于金红石（2.43%），虽然绝大部分的角闪石在粗选后进入了尾矿，但是进入粗精矿角闪石仍然占了很多的比例（相对于金红石）。所以如果继续选择油酸钠在同样条件下作为精选的捕收剂，则难以进一步分离金红石和角闪石。因此选择了对金红石选择性好的苯乙烯膦酸作为精选的捕收剂，并且将矿浆的 pH 值由 8.5 调整到 2.5，在酸性条件下有利于含钛矿物的精选过程。

在精选中，原本在碱性条件下吸附在金红石表面的油酸钠有少部分溶解到矿浆溶液中，而在酸性条件下，苯乙烯膦酸在金红石表面的吸附能力较强，这样导致金红石表面的疏水性得到强化。相反，在酸性条件下，原本吸附在角闪石表面的油酸钠绝大部分溶解到矿浆溶液中，而苯乙烯膦酸几乎不在角闪石表面发生吸附，这样导致角闪石表面的疏水性得到强烈的抑制。金红石和角闪石表面的疏水性的差异在这"一正一反"的两种条件下得到扩大，所以它们在精选过程中的进一步分离变得非常容易。

4.6 本章小结

（1）枣阳原生金红石矿使用油酸钠作为主要捕收剂进行粗选和扫选，苯乙烯膦酸作为主要捕收剂进行精选，以铅离子和铋离子分别作为两者活化剂的浮选流程，最终可以获得回收率为 83.43%，TiO_2 品位为 78.68% 的金红石精矿。该流程不仅获得较高的浮选指标，而且减少了 80% 以上的苯乙烯膦酸用量，极大程度上降低了选矿成本。

（2）粗选过程中（弱碱性条件下），油酸钠主要吸附在金红石表面，但是也有部分吸附在角闪石表面。粗精矿在精选过程中（强酸性条件），原本在碱性条件下吸附在金红石表面的部分油酸钠溶解到矿浆溶液中，而在酸性条件下，苯乙烯膦酸在金红石表面的吸附能力较强，这样导致金红石表面的疏水性得到强化。相反，在酸性条件下，原本吸附在角闪石表面的油酸钠绝大部分溶解到矿浆溶液中，而苯乙烯膦酸几乎不在角闪石表面发生吸附，这样导致角闪石表面的疏水性得到强烈的抑制。

5 纳米气泡的性质及其
对矿物浮选的影响

油酸钠和羟肟酸作为粗选和扫选捕收剂，铅离子活化剂，苯乙烯膦酸和正辛醇作为精选捕收剂，铋离子活化剂的浮选药剂工艺流程，虽然大幅降低了苯乙烯膦酸的消耗，但对于原矿中微细粒金红石回收率提升效果不明显。微细粒矿物需要使用更小的气泡才能提高其浮选回收率，本章从纳米气泡的制备方法出发，围绕界面和体相纳米气泡性质，研究纳米气泡、表面活性剂以及微细颗粒之间的相互作用，将纳米气泡引入到浮选体系中。

5.1 原矿和精矿产品中粒级分布

为了进一步提高微细粒金红石的浮选回收率，首先要确定微细粒金红石在浮选过程中究竟损失了多大的比例。将原矿细磨后的产品和浮选精矿产品进行细度分析，其结果列于表 5-1 和表 5-2 中。

从表 5-1 中可以看出，原矿细磨后，+74μm 粒级的产品仅占 9.26%，但是其中 TiO_2 品位达到 4.87%。而-19μm 粒级的产品占比达到 43.53%，且 TiO_2 品位仅为 2.81%。原矿细磨的产品中，细度越大，TiO_2 品位越高。原矿中 TiO_2 的分布显示，-19μm 粒级的产品中 TiO_2 含量高达 36.24%。

表 5-1 原矿细磨产品分级结果

粒级分布/μm	产率/%	品位/%	TiO_2 比例/%	TiO_2 质量/g
+74	9.26	4.87	13.34	2.25
-74+38	32.53	3.88	37.30	6.30
-38+19	14.68	3.02	13.11	2.20
-19	43.53	2.81	36.24	6.10
合计	100.00	3.38	100.00	16.9

从表 5-2 中可以看出，精矿产品中，粒度越大的颗粒其品位和回收率均较高，特别是+74μm 粒级的颗粒，TiO_2 品位可以达到 91.14%，回收率为 97.57%。说明粒度越大，其回收效果越好。但是，对于原矿中占有 36.24% 的微细粒金红石（-19μm），其回收率仅为 67.76%，在整个范围中是唯一低于总回收率的粒级。所以进一步提高枣阳原生金红石矿的浮选回收率，只有提高微细粒中金红石

的浮选回收率这一个途径。然而传统的调整药剂制度的方法似乎对微细粒矿物回收率的提升效果不大，微细粒矿物需要使用更小的气泡与之发生碰撞，提高碰撞、黏附概率，这样才能提高其浮选回收率。

表 5-2　图 4-8(c) 浮选流程中精矿产品分级结果

粒级分布/μm	产率/%	品位/%	TiO_2 比例/%	TiO_2 回收率/%
+74	13.47	91.14	15.60	97.57
-74+38	39.10	83.49	41.49	92.86
-38+19	14.68	72.22	13.48	85.71
-19	32.85	70.49	29.43	67.76
合计	100.00	78.68	100.00	83.43

5.2　纳米气泡对枣阳原生金红石矿浮选行为的影响

纳米气泡能提高氧化矿物浮选回收率已被证实，特别是微细粒嵌布的氧化矿物[92,113,155~157]。本节讨论纳米气泡对枣阳原生金红石矿浮选行为的影响。

5.2.1　磨矿过程中加入少量乙醇对浮选行为的影响

醇水替换或者醇水混合是产生纳米气泡最简单的方法之一[69,87,89,112,119,158]，并且通过醇水替换或者混合的方法产生纳米气泡浓度能达到 10^9 数量级[112]。利用这个简单的物理现象，在磨矿的过程中加入少量乙醇，探索这种简单的方法产生纳米气泡对枣阳原生金红石矿浮选行为的影响，采用图 4-1 所示的流程，捕收剂使用油酸钠 1000g/t 和羟肟酸 200g/t 组合，pH 值为 8.5，试验结果列于表5-3 中。

表 5-3　不同比例的乙醇溶液磨矿后，金红石矿的浮选开路结果

乙醇比例/%	产品名称	浮选指标		
		产率/%	TiO_2 品位/%	TiO_2 回收率/%
0	矿泥	2.05	1.92	1.24
	精矿	14.42	17.82	80.83
	尾矿	83.53	0.68	17.93
	原矿	100.00	3.18	100.00
5	矿泥	1.21	1.71	0.64
	精矿	14.30	18.38	81.86
	尾矿	84.49	0.66	17.50
	原矿	100.00	3.21	100.00

续表 5-3

乙醇比例/%	产品名称	浮选指标		
		产率/%	TiO$_2$ 品位/%	TiO$_2$ 回收率/%
10	矿泥	0.98	1.52	0.47
	精矿	13.70	19.12	82.13
	尾矿	85.32	0.65	17.40
	原矿	100.00	3.19	100.00
15	矿泥	1.19	1.68	0.63
	精矿	13.34	19.25	80.48
	尾矿	85.47	0.71	18.89
	原矿	100.00	3.19	100.00
20	矿泥	1.96	1.89	1.14
	精矿	14.63	17.94	80.76
	尾矿	83.14	0.71	18.10
	原矿	100.00	3.25	100.00

　　从表 5-3 中可以看出，金红石精矿中 TiO$_2$ 的品位随着乙醇比例的增加先升高后降低，当乙醇比例为 10%~15% 时，精矿中 TiO$_2$ 的品位达到 19.12%~19.25% 之间，当乙醇比例达到 20%，精矿中 TiO$_2$ 的品位降低为 17.94%。而精矿中 TiO$_2$ 的回收率也是随着乙醇比例的增加先升高后降低，当乙醇比例为 5%~10% 时，其 TiO$_2$ 的回收率达到 81.86%~82.13%，当乙醇比例超过 10% 时，TiO$_2$ 的回收率降低。值得注意的是，矿泥的产率与其 TiO$_2$ 的回收率和精矿中 TiO$_2$ 的回收率变化趋势完全相反，当乙醇比例为 10% 时，矿泥产率及其 TiO$_2$ 的回收率达到最小值。Qiu 等[112]研究发现醇水替换或者混合产生纳米气泡时，当乙醇的比例占到 12% 时，产生的纳米气泡浓度最大。所以磨矿过程中乙醇比例的变化说明了在溶液中产生的纳米气泡浓度的变化，当乙醇比例达到 10% 左右时，矿浆中产生的纳米气泡浓度最大。试验表明：纳米气泡对枣阳原生金红石矿的浮选行为有促进作用，磨矿过程中添加 10% 左右的乙醇能将金红石精矿中 TiO$_2$ 品位和回收率分别提高 1.4% 和 1.3%。并且有利于微细粒矿泥的选择性絮凝，降低矿泥对浮选行为的影响，减少微细粒金红石在矿泥中的损失。

5.2.2　纳米气泡的引入时间对浮选的影响

　　表 5-4 显示了不同纳米气泡引入时间对金红石矿浮选结果的影响，其浮选药剂和流程与表 5-3 相同。

表 5-4 不同的纳米气泡引入时间条件下，金红石矿浮选的开路结果

纳米气泡引入时间	产品名称	浮选指标		
		产率/%	TiO$_2$ 品位/%	TiO$_2$ 回收率/%
捕收剂加入前引入	矿泥	1.98	1.94	1.19
	精矿	14.84	18.02	82.53
	尾矿	83.18	0.63	16.28
	原矿	100.00	3.24	100.00
捕收剂加入后引入	矿泥	2.09	1.98	1.27
	精矿	14.27	19.07	83.46
	尾矿	83.64	0.60	15.27
	原矿	100.00	3.26	100.00
预先与捕收剂混合，同时加入	矿泥	2.11	1.89	1.25
	精矿	12.20	21.68	83.19
	尾矿	85.69	0.58	15.56
	原矿	100.00	3.18	100.00

在添加捕收剂之前加入纳米气泡，金红石精矿的品位和不使用纳米气泡处理的结果相近，但是精矿中 TiO$_2$ 的浮选回收率提高了 2.01 个百分点。在添加捕收剂之后加入纳米气泡，金红石精矿的品位提高 1% 左右，回收率提高接近 3 个百分点。当纳米气泡与捕收剂预先混合后再同时加入，金红石精矿的品位可以提高接近 4%，TiO$_2$ 回收率提高 2.52 个百分点。试验结果证明了图 3-13 中的猜想，即表面活性剂预先在纳米气泡表面吸附后，纳米气泡可以选择性地吸附在金红石表面，提高微细粒金红石选择性聚团及矿化能力，大幅提高精矿中金红石品位与回收率。

5.2.3 不同方法产生的纳米气泡对浮选行为的影响

本小节采用水力空化、超声空化、加压减压、混合溶液法等几种方法产生纳米气泡水溶液，应用这种纳米气泡的溶液对枣阳原生金红石矿进行浮选试验，其浮选流程和表 5-3 对应的流程相同，结果显示在表 5-5 中。

表 5-5 在不同的纳米气泡产生方式下，金红石矿浮选的开路结果

纳米气泡产生方式	产品名称	浮选指标		
		产率/%	TiO$_2$ 品位/%	TiO$_2$ 回收率/%
水力空化	矿泥	2.16	1.86	1.24
	精矿	15.26	17.48	82.35
	尾矿	82.58	0.64	16.41
	原矿	100.00	3.24	100.00

续表 5-5

纳米气泡产生方式	产品名称	浮选指标		
		产率/%	TiO$_2$ 品位/%	TiO$_2$ 回收率/%
超声空化	矿泥	2.03	1.93	1.25
	精矿	14.86	17.10	80.92
	尾矿	83.11	0.67	17.83
	原矿	100.00	3.18	100.00
加压减压	矿泥	2.11	1.93	1.27
	精矿	15.62	17.35	84.69
	尾矿	82.27	0.55	14.04
	原矿	100.00	3.20	100.00
混合溶液法	矿泥	2.24	1.84	1.26
	精矿	15.72	17.47	83.75
	尾矿	82.70	0.59	14.99
	原矿	100.00	3.28	100.00

从表 5-5 的结果可以看出：使用纳米气泡水溶液进行矿物浮选对精矿中 TiO$_2$ 品位影响不大，但是对精矿中金红石的浮选回收率影响较大。这四种方法产生的纳米气泡溶液对金红石浮选回收率的影响大小顺序为：加压减压法>混合溶液法>水力空化法>超声空化法，金红石精矿中 TiO$_2$ 的回收率分别提高了 3.86%、2.92%、1.52% 及 0.1%。超声空化对原生金红石矿的浮选行为几乎没有影响。

5.3　纳米气泡制备新方法研究

随着纳米气泡领域的快速发展，工业上制备纳米气泡的方法主要有：机械剪切法、超声空化法、水力空化法、加压减压法、湍流管法等，然而在浮选体系中这些产生纳米气泡的方法都存在较大的局限性，其中需要解决的是能耗高、设备生产效率低，以及制备得到的纳米气泡溶液浓度过低、纳米气泡数量少的问题。

5.3.1　试验设计

配制了两种水溶液通过加压减压法产生原始纳米气泡溶液，一种是 1×10^{-4} mol/L 碳酸钠溶液（简称 N），另一种是向碳酸钠溶液中加入一定量的疏水性 TiO$_2$ 纳米颗粒（NT）。碳酸钠的加入有三个作用：首先，可以提供弱碱性的环境来增加纳米气泡表面所带的负电荷，增加纳米气泡之间的静电排斥力，以达到稳定纳米气泡的效果[159]；其次，降低溶液的表面张力，有利于纳米气泡的形成[160]；最后，作为常见的分散剂，有利于 TiO$_2$ 纳米颗粒溶液保持高度分散[161]。

在碳酸钠和 TiO_2 的碳酸钠原始溶液的基础上，通过加压减压法制备出两种纳米气泡的溶液，分别为碳酸钠的加压溶液（NP）和 TiO_2 的加压溶液（NTP）。然后通过混合的方法制备出另外的 5 种溶液：碳酸钠溶液和碳酸钠溶液的混合（N+N）、碳酸钠溶液和碳酸钠加压溶液的混合（N+NP）、碳酸钠溶液和 TiO_2 溶液的混合（N+NT）、碳酸钠加压溶液和碳酸钠加压溶液的混合（NP+NP）以及碳酸钠加压溶液和 TiO_2 溶液的混合（NP+NT），具体流程如图 5-1 所示。

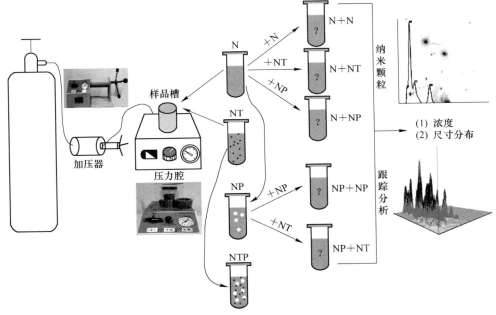

图 5-1 试验样品的制备流程

通过脱气试验证明 Nanoparticle Tracking Analysis（NTA）中出现的纳米颗粒是纳米气泡，脱气试验在一个干燥箱内完成。首先将试验的样品放入真空干燥箱内；然后使用真空泵将干燥箱内的压力降为 $0.1×10^5 Pa$，真空泵继续工作 10min，然后保持低压环境 2h；最后将样品去除，进行 NTA 检测。

5.3.2 单独溶液中纳米气泡表征

体相纳米气泡的浓度和尺寸分布使用英国马尔文公司的纳米粒子追踪分析仪器进行检测，每组试验样品独立地进行 5 次测量，其测量结果如图 5-2 所示。

纳米气泡的浓度随直径的变化关系如图 5-2（a）～（d）所示，溶液中纳米气泡的总浓度以及平均直径大小如图 5-2（e）所示。图 5-2（a）为 N 溶液中纳米气泡的浓度和尺寸关系，可以看出颗粒尺寸主要分布在 118nm 和 184nm 附近。N 溶液中纳米气泡的平均尺寸大于 200nm，表明 N 溶液中有一些超过 200nm 的颗

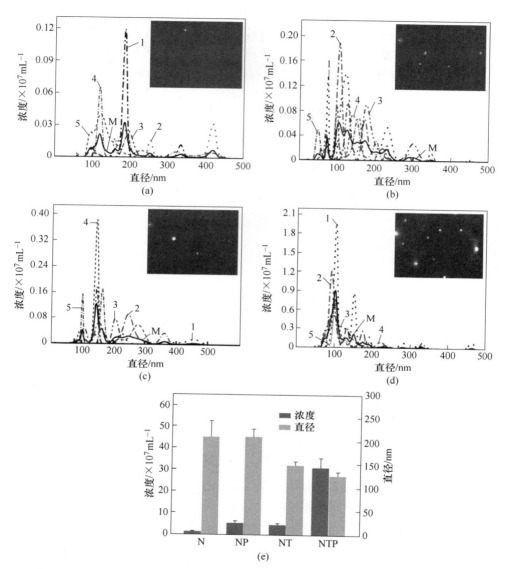

图 5-2　不同样品溶液中纳米气泡的浓度随直径大小的变化关系以及动态光散射
信号图（a）~（d），以及不同溶液中纳米气泡的总浓度和平均直径（e）
（1~5 代表 5 次独立试验，M 是 5 次试验的平均结果）
（a）N；（b）NP；（c）NT；（d）NTP

粒。N 溶液中纳米气泡的浓度为 $1.8 \times 10^7/\text{mL}$，测试的结果显示 N 溶液中纳米气
泡的直径和浓度与纯水中的数据相一致[112]。由于后续的溶液中都存在相同浓度
的碳酸钠，所以碳酸钠溶液中的纳米气泡被当作是检测过程的背景信号。由于在

N 溶液里面没有任何不可溶解的物质存在，所以 NTA 中检测到的纳米颗粒有可能就是纳米气泡，图 5-2(a) 检测结果表明：纳米气泡可以在溶液中自发地进行，溶液的扰动可以促进纳米气泡的生成[162,163]。

NP 和 NT 溶液中纳米气泡的浓度随直径的变化关系如图 5-2(b) 和 (c) 所示，溶液中纳米气泡的总浓度以及平均直径大小如图 5-2(e) 所示。在图 5-2(b) 中，可以看出碳酸钠溶液加压后，纳米气泡的尺寸分布较广，大部分集中在 100~200nm 之间，其纳米气泡总浓度为 $5.7×10^7$/mL，约为碳酸钠溶液中纳米气泡浓度的 3 倍以上。说明加压减压的方法能够产生在水溶液中产生较多的纳米气泡。这是因为溶液的加压增加了溶液中溶解气体的含量，在缓慢降压的过程中，溶液中气体的溶解度随着溶液压力的降低而急剧下降，过多未溶解的气体短时间内很难逃逸出气液界面进入空气中，有些聚集起来形成了气核中心，随着降压过程的持续，气核中心逐渐长大，形成纳米气泡[155,164]。对于 NT 溶液（图 5-2(c)），加入二氧化钛纳米颗粒后，溶液中纳米颗粒的含量增加到 $5.1×10^7$/mL，远低于二氧化钛颗粒的浓度（$1.0×10^9$/mL）。NTA 的测量范围为 10 ~ 1000nm[165]，二氧化钛纳米颗粒的粒径范围在 5~10nm 之间，所以测量到的纳米颗粒不可能是二氧化钛单体。它的存在有两种可能：一种是二氧化钛纳米颗粒之间相互聚团，形成的聚集体的直径范围在 150nm 左右；另一种可能是溶解在溶液中的气体分子吸附在二氧化钛表面，形成气泡核心，进一步生长成纳米气泡[166,167]。为了确定所 NTA 测量的纳米颗粒是否为纳米气泡，后续通过脱气对照试验进行验证。通过对比图 5-2(b) 和图 5-2(c)，以及图 5-2(e) 中 NP 和 NT 溶液中纳米气泡的浓度和平均直径大小，可以发现：不管是在溶液中通过加压的方法引入气体还是加入较小的纳米颗粒都可以增加溶液中纳米气泡的数量，但是所增加的纳米气泡的尺寸分布和平均直径差别较大。

单独引入气体或者加入纳米颗粒都可以在溶液中形成纳米气泡，并且这两种情况下产生的纳米气泡浓度相差不大，图 5-2(d) 为将 NT 溶液进行加压减压后溶液中纳米气泡浓度和尺寸分布的结果。可以发现，纳米气泡的尺寸分布基本上集中在 100nm 附近，其纳米气泡总浓度达到 $30.1×10^7$/mL，是它们单独存在时的 5~6 倍。溶液加压后大量的气体分子被溶解，在缓慢减压过程中气体分子逐渐析出并在纳米颗粒表面发生吸附，首先形成气泡成核中心，然后慢慢地变大，形成纳米气泡[168,169]。NTP 溶液中的纳米气泡浓度要远高于 NP 溶液，其原因可以总结为：在 NTP 溶液中，气泡成核中心的形成是由于气体分子在纳米颗粒表面吸附，而在 NP 溶液中，气泡成核中心是由于气体分子的聚集而形成的，这种形成方式所需要的能量差别较大，异相成核要比均相成核容易很多[169]。NTP 溶液中纳米气泡的浓度也远高于 NT 溶液，其原因是：在 NTP 溶液中气体分子的含量要远高于 NT 溶液，所以形成的纳米气泡浓度必然要比 NT 溶液高很多。

5.3.3　混合溶液中纳米气泡表征

N、NP 和 NT 溶液相互混合后，溶液中纳米气泡的浓度随直径的变化关系以及总浓度和平均直径如图 5-3 所示。

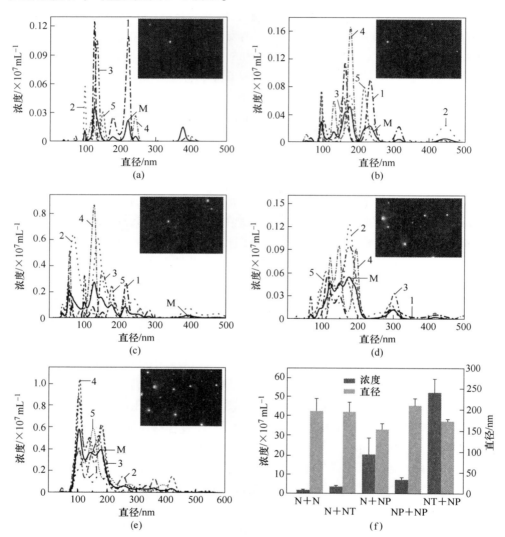

图 5-3　不同样品溶液中纳米气泡的浓度随直径大小的变化关系和动态光散射

信号图（a）~（e），以及不同溶液中纳米气泡的总浓度和平均直径（f）

（1~5 代表 5 次独立试验，M 是 5 次试验的平均结果）

（a）N+N；（b）N+NT；（c）N+NP；（d）NP+NP；（e）NT+NP

图 5-3（a）和（b）分别为（N+N）和（N+NT）溶液中，纳米气泡的浓度

随直径的变化关系，其总浓度和平均直径显示在图 5-3(f) 中。可以发现不管是纳米气泡的尺寸分布，还是总浓度和平均直径，都和它们单独存在时简单平均结果相一致，这表明这两种情况下的混合几乎没有新的纳米气泡生成。值得注意的是，当混合溶液中有 NP 溶液参与时，纳米气泡的总浓度明显增加，特别是在（N+NP）和（NP+NT）溶液中的纳米气泡总浓度分别达到 $20.3 \times 10^7/mL$ 和 $52.2 \times 10^7/mL$。混合之后，纳米气泡的总浓度要远高于它们单独存在时的浓度，说明在混合过程中有大量新的纳米气泡生成。这个现象不能通过传统的溶质混合理论来解释，因为在 NP 溶液中存在大量的气体分子在混合过程中有形成新的纳米气泡的潜能。依据文献的报道[170,171]，溶液中气体分子的含量是在混合过程中产生纳米气泡的关键因素，并且溶液中气体的过饱和度越高所产生的体相纳米气泡浓度越大。这也是在（N+N）和（N+NT）混合溶液中几乎没有新的纳米气泡生成的原因。但文献中忽略了两种混合溶液中气体含量的差异对混合后溶液中新生成的纳米气泡的影响。对比分析（N+NP）、（NP+NP）混合溶液中纳米气泡浓度的变化，可以发现（N+NP）溶液中新生成的纳米气泡要远高于（NP+NP）溶液（$7.1 \times 10^7/mL$），说明混合溶液中新生成的纳米气泡不仅与溶液中的气体分子含量有关，而且与两者的气体分子浓度差关系更加密切，溶液中气体分子的浓度差越大，混合后新生成的纳米气泡浓度越高[172]。

5.3.4　脱气试验

研究表明溶液脱气对纳米气泡的性质有较大的影响，同时脱气试验通常被使用作为确定所检测或者观察到的纳米气泡不是污染所致，而是由气体分子聚集而成的[89,173~175]。试验设计的 9 种溶液的脱气试验结果如图 5-4 所示。

从图 5-4 可以看出，溶液中的纳米气泡浓度随直径的变化规律以及总浓度和平均直径大小。对比图 5-2(a)~(d)、图 5-3(a)~(e) 和图 5-4(a)，可以发现脱气前后纳米气泡的尺寸分布非常相似，表明脱气过程对纳米气泡的尺寸大小影响较小。在脱气后，纳米气泡可能是一个快速消失的过程，没有中间状态或者这个中间状态持续时间太短不容易观察到。在图 5-4(b) 中，发现这些溶液中纳米气泡浓度的差异变小。脱气过程对 N 溶液影响较小，其纳米气泡浓度由 $1.82 \times 10^7/mL$ 降低到 $0.686 \times 10^7/mL$；但是对 NP 和 NT 溶液影响较大，分别由 $5.7 \times 10^7/mL$ 降到 $1.08 \times 10^7/mL$ 和由 $5.1 \times 10^7/mL$ 降低到 $1.14 \times 10^7/mL$；受到最大影响的是（N+NP）、（NT+NP）和（NTP）溶液，其溶液中纳米气泡的浓度分别由 $20.3 \times 10^7/mL$、$52.2 \times 10^7/mL$ 和 $31.4 \times 10^7/mL$ 降低到 $1.21 \times 10^7/mL$、$1.82 \times 10^7/mL$ 和 $1.67 \times 10^7/mL$。通过脱气试验，发现脱气过程导致溶液中大量纳米气泡的消失，并且溶液中纳米气泡的浓度稳定在 $(1~2) \times 10^7/mL$。脱气之后，溶液中纳米气泡浓度的降低说明在图 5-2 和图 5-3 中检测到纳米颗粒确实是纳米气泡。脱

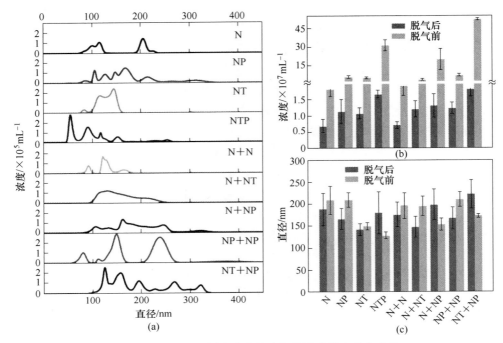

图 5-4　脱气后不同溶液中纳米气泡浓度随直径大小的
变化关系（a），总浓度（b）和平均直径（c）

气之后溶液中纳米气泡的平均直径结果显示在图 5-4(c) 中，发现当脱气前溶液中纳米气泡的浓度较低时，脱气后溶液中残留的纳米气泡直径要比之间的平均直径小，但是当脱气前溶液中纳米气泡的浓度较高时，脱气后溶液中残留的纳米气泡直径要比之间的平均直径大。

5.3.5　溶液中纳米气泡稳定性表征

通常，研究者从纳米气泡的溶解动态平衡角度解释纳米气泡能长时间稳定的现象[176,177]。图 5-5 为不同溶液中纳米气泡总浓度和直径大小随静置时间的变化关系。

由图 5-5(a) 可知，N、NP、NT、（N+N）、（N+NT）和（NP+NP）这 6 种溶液中纳米气泡的浓度随着时间的变化非常稳定，而其他三种溶液（N+NP）、（NT+NP）和 NTP 中纳米气泡的浓度随时间而增加。值得注意的是，前 6 种随时间稳定的溶液中纳米气泡的初始浓度都很低，而后三种随时间增加的溶液中纳米气泡的初始浓度相对较高，这种溶液中纳米气泡浓度随时间变化的差异现象属于一种典型的马太效应[178]：溶液中初始的纳米气泡数量越多，其继续增加的潜能越大。在前 6 种随时间非常稳定的溶液中，纳米气泡浓度趋于稳定的原因也不尽

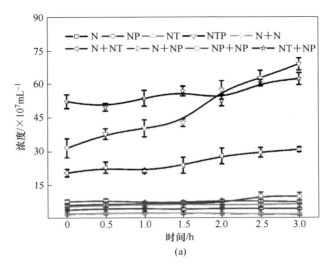

(a)

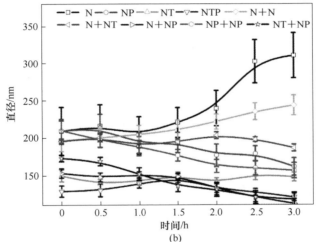

(b)

图 5-5 不同溶液中纳米气泡的总浓度和平均
直径随静置时间的变化关系

相同。在 N、NT、(N+N) 和 (N+NT) 溶液中,溶解气体分子的含量非常低,
它限制了溶液中纳米气泡的增加。但是在 NP 和 (NP+NP) 溶液中,气体分子的
含量非常高,然而也出现随时间稳定的现象,说明溶解气体分子的含量不是纳米
气泡浓度随时间变化的唯一影响因素。由于纳米气泡在溶液中发生布朗运动,液
体的局域扰动形成了气体分子的浓度差和空穴,这样有利于纳米气泡的形成。所
以初始溶液中局域气体分子浓度差异的存在对于纳米气泡的形成是至关重要的。
而在 NP 和 (NP+NP) 溶液中,虽然气体分子的含量非常高,但是溶液很均匀,
局域气体分子的浓度差异可以忽略不计,所以导致溶液中纳米气泡浓度随时间稳

定的现象。

在（N+NP）、（NT+NP）和 NTP 三种溶液中，既存在大量的气体分子，局域也存在较大的气体浓度差异，因此在混合的过程中有大量的纳米气泡生成。大量的纳米气泡生成，引起了溶液中气体分子的对流现象，导致局域气体分子浓度差异进一步扩大，这就好像是连锁反应一样。所以随着时间的变化，溶液中纳米气泡的浓度会增加，直到溶液中的气体分子大部分形成纳米气泡或者逃逸到空气中。

图 5-5（b）为溶液中纳米气泡的平均直径随静置时间的变换关系，纳米气泡的平均直径与初始的纳米气泡大小和新形成的纳米气泡大小有关。在 N 和（N+N）溶液中，初始的纳米气泡逐渐变大，直到 2.5~3h 后达到最大值；在 NT 和（N+NT）溶液中，纳米气泡的直径大小保持不变；在 NP 和（NP+NP）溶液中，纳米气泡的直径在短时间内（0.5h）达到最大值，然后缓慢下降。这间接地说明了二氧化钛纳米颗粒吸附气体分子形成的纳米气泡要比气体分子自发聚集形成的纳米气泡更为稳定。在（N+NP）溶液的纳米气泡直径大小的变化趋势和 NP 和（NP+NP）溶液一样，但是其平均直径更小。从纳米气泡直径随时间逐渐变小的现象中可以得出：在混合过程中产生的大量纳米气泡消耗了溶液中大部分的气体分子，仅仅只有少部分残留，因此随着时间增加而形成的新的纳米气泡变得较小，才能使得纳米气泡内部和外部的气体扩散达到平衡[179]。

尽管纳米气泡在溶液中非常稳定，但是它们在溶液中的一些基本性质还没有被研究者完全掌握，导致观察或检测到的纳米气泡确实有些反复无常，与常规溶质的性质差别较大。纳米气泡内部和外部溶液中气体分子的扩散平衡被认为是导致纳米气泡稳定最主要的因素，但是混合溶液中纳米气泡的稳定性和新生成的纳米气泡关系非常密切，它主要被溶液中气体分子含量、局域气体分子浓度的差异以及溶液中固体纳米颗粒等三个因素影响。一方面，气体分子是纳米气泡最重要的组成部分，是形成大量纳米气泡的前提；另一方面，局域气体分子浓度差异和固体纳米颗粒的存在分别可以提高均相和异相成核概率，有利于纳米气泡的形成。

5.4　纳米气泡、表面活性剂以及矿物表面相互作用的研究

5.4.1　纳米气泡对矿物表面 zeta 电位的影响

图 5-6 为纯水和油酸钠溶液中纳米气泡表面 zeta 电位随溶液 pH 值的变化关系。由 NTA 的结果可知：溶液中的纳米气泡是非常稳定的，在 zeta 电位测量的过程中不会发生大量地消失或者新生成大量的纳米气泡，足以保证测量过程中的误差允许的范围内。酸性条件下，纯水中纳米气泡表面 zeta 电位为正值，其等电

位在 pH = 3.1 左右，这与一些研究的测量结果相一致[95,96]。当 pH 值大于 6.3 时，纯水中纳米气泡表面 zeta 电位值小于 -20mV，这是由于 OH⁻ 离子的吸附和 H⁺ 离子的脱附引起的表面电荷性质改性[96]。当油酸钠存在时，纳米气泡表面 zeta 电位整体上发生负移，在较强酸性条件下的负移程度小于弱酸性和碱性条件下的负移程度。这说明纳米气泡可以选择性地吸附油酸根阴离子，而对阳离子的吸附能力较弱。从图 5-6(b) 中可以看出：当 pH 值大于 4 以后，溶液中的油酸根阴离子浓度增加，导致纳米气泡吸附的油酸根阴离子增加，其表面 zeta 电位负移程度增加。由于纳米气泡表面带负电荷，所以油酸根阴离子在纳米气泡表面的吸附不会因为静电相互作用。有研究表明：纳米气泡表面的疏水性较强，并且纳米气泡趋向于和疏水性的表面和物质发生相互作用[68,70,71,123]。油酸根阴离子在纳

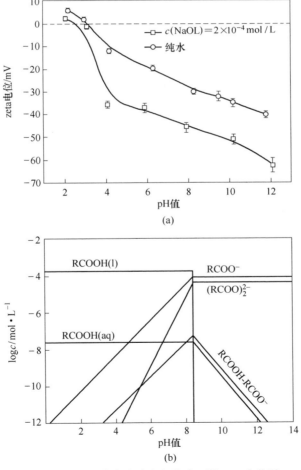

图 5-6　去离子水和油酸钠溶液中纳米气泡表面的 zeta 电位随 pH 值的变化关系 (a)，以及油酸钠溶液中各物质组分随 pH 值的变化关系 (b)

米气泡表面的吸附作用可以解释为：油酸根阴离子的疏水基团插入到纳米气泡内部，亲水基团向外，导致纳米气泡表面带一圈负电荷。

表 5-6 和表 5-7 分别显示了不同静置时间条件下，KCl 和 NaOL 溶液中纳米气泡表面 zeta 电位随 pH 值的变换关系。由表 5-6 可知，在 1h 以内，KCl 溶液中纳米气泡表面的 zeta 电位随时间的变化较为稳定，没有出现明显的上升或者下降，这也间接地证明了溶液中纳米气泡的稳定性。当加入油酸钠后，溶液中纳米气泡表面的 zeta 电位随时间的变化更加稳定，其标准偏差小于 1。表面活性剂的加入，导致纳米气泡表面的 zeta 电位的绝对值增加，气泡与气泡之间的静电排斥力增加，有利于溶液中纳米气泡的稳定，这和一些文献的报道相一致[171,180]。

表 5-6　去离子水中纳米气泡表面的 zeta 电位随静置时间的变化关系

$n(KCl)$ /mol · L^{-1}	pH 值	zeta 电位				
		0	5min	30min	60min	标准差
0.001	2.2	6.57	5.23	3.28	4.19	1.22
	3.1	-0.71	-0.19	-0.25	-0.68	0.24
	5.5	-18.6	-13.2	-14.9	-19.7	2.64
	7.0	-25.3	-22.1	-28.3	-19.8	3.22
	11.0	-35.7	-33.2	-38.8	-34.6	2.06

表 5-7　油酸钠溶液中纳米气泡表面的 zeta 电位随静置时间的变化关系

$n(NaOL)$ /mol · L^{-1}	pH 值	zeta 电位				
		0	5min	30min	60min	标准差
0.001	2.1	1.37	1.58	1.49	1.41	0.08
	3.3	-2.53	-2.18	-2.76	-2.81	0.25
	4.9	-35.6	-36.1	-37.8	-36.9	0.83
	7.1	-42.6	-44.8	-43.5	-42.9	0.84
	11.3	-53.6	-54.9	-55.2	-52.6	0.99

5.4.2　云母表面微米气泡的性质

图 5-7 显示光学显微镜下云母表面吸附微米气泡的形貌。从图 5-7(a) 中可以看出：气泡的直径大小非常均一，有单独存在的，也有两个或者单个气泡相互连接的，由于气泡的破裂，在云母表面留下大小不一的坑。图 5-7(a) 中的气泡经过 30s 后变成了图 5-7(b) 中的结果，可以发现这两张图的差异不是很明显，图中消失、破裂的气泡很难被发现。为了更明显地发现气泡的破裂过程，使用 Image J 软件分别将图 5-7(a) 和图 5-7(b) 染成绿色和红色，即图 5-7(c) 和

图 5-7(d)，图 5-7(e) 是图 5-7(c) 和图 5-7(d)叠加的结果。利用两种颜色原位叠加的原理，如果绿色和红色的图片有完全重合的地方，则就是变成黄色。从图 5-7(e) 中可以发现：绝大部分为黄色，说明气泡在这段时间内还是比较稳定的；只有少数的绿色（如图中圆圈处所示），且基本上都为气泡的形状，这些绿色表示图 5-7(a) 中的气泡经历 30s 后破裂的气泡；在图中没有发现红色区域，说明这段时间内只有气泡的破裂，没有气泡的生成或者气泡的相对位置的移动。

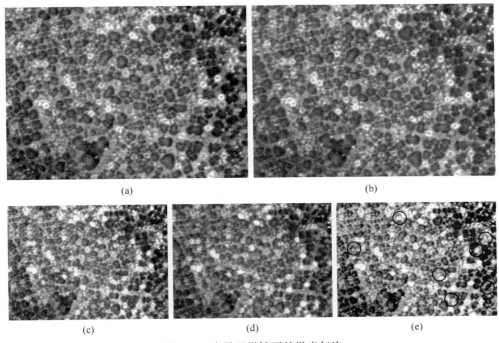

(a)

(b)

(c)

(d)

(e)

图 5-7 光学显微镜下的微米气泡

5.4.3 纳米气泡的原子力显微镜成像

图 5-8 为不同条件下云母表面的原子力显微镜高度成像图。由图 5-8(a) 可知，在纯水中，云母的表面非常光滑，这也是选择云母作为试验基底的原因。图 5-8(b) 和 (c) 分别是 5×10^{-6}mol/L 和 1×10^{-5}mol/L 的油酸钠溶液中云母表面的高度图，油酸钠的吸附时间为 10min。可以看出，在低浓度下（图 5-8(b)），油酸钠在云母表面的吸附量非常少，偶尔可见油酸钠的聚集体，但是其吸附高度仅仅只有 0.6~0.8nm 左右，这和单个油酸钠分子的高度比较接近。图 5-9 的溶液条件和图 5-8(b) 一样，不过是不同位置下的高精度扫描结果，可以发现：低浓度油酸钠吸附后，在云母表面出现了很多非常短的纤维状物质，其高度在 0.4~0.6nm，这可能是油酸钠分子单体相互聚集自组装形成的，由于油酸钠的浓度较

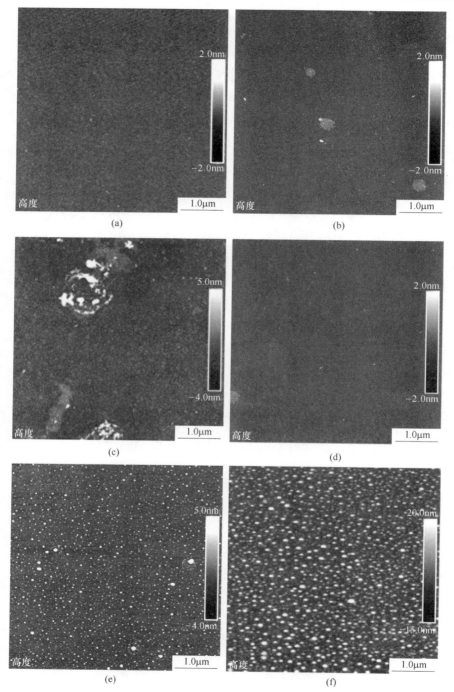

图 5-8　不同溶液中纳米气泡在云母表面的吸附形貌原子力显微镜表征

（a），（d）在去离子水中；（b），（e）在低浓度油酸钠溶液中；（c），（f）在高浓度油酸钠溶液中

低，自组装形成的纤维状物质还不能二次组装形成吸附膜或者别的图案。当油酸钠的浓度较高时，在图 5-8(c) 中可以看出：油酸钠分子在云母表面的吸附密度较大，有较多区域形成了吸附膜，并且在膜的上面还有油酸钠分子的吸附。除了油酸钠形成的吸附膜以及膜上面吸附的油酸钠以外，在其他区域也有较多的油酸钠的吸附，但是从图中观察得不明显。为了更清晰地看到较高浓度下油酸钠在云母表面的吸附形貌，将图 5-8(c) 中选定的区域进行放大扫描，其结果显示在图 5-10 中。在图 5-10 中，可以看出密密麻麻的短纤维状物质，其高度要比图5-9 中的纤维状物质高一些。值得注意的是：一些高油酸钠组装而成的纤维状物质自发地形成圆形，并且这些圆形的大小都非常接近。对比图 5-8(b)、图5-8(c)、图 5-9 和图 5-10，可以发现油酸钠在云母表面的吸附存在三种主要方式：首先，低浓度下的油酸钠以单分子层的形式组装成短纤维状的物质，可以称之为"单体"，这些"单体"显示在图 5-9 中。其次，油酸钠分子不管在低浓度下还是较高浓度下都可以形成薄膜状。低浓度下形成的薄膜成圆形，所占据的面积和高度较小，如图 5-8(b) 所示；高浓度下成不规则状，所占据的面积较大，垂直方向相对较高，如图 5-8(c) 和图 5-10 所示。最后，高浓度下油酸钠所形成的纤维状"单体"在第一层吸附在云母表面的油酸钠分子上面进行第二层吸附，并且自组装成环形，这些环形的直径大小相似，如图 5-10所示。

图 5-9　低浓度下，油酸钠在云母表面的吸附与组装形貌

　　图 5-8(d)~(f) 为纳米气泡溶液在云母表面的吸附形貌。在图 5-8(d) 中，没有发现明显的吸附差异（相比于图 5-8(a)），说明去离子水中的纳米气泡很难在干净的云母表面发生吸附，Zhang 等也发现了相似的结果[89]。纳米气泡与低浓

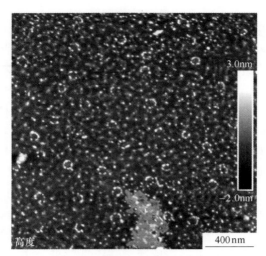

图 5-10　高浓度下，油酸钠在云母表面的吸附与组装形貌

度油酸钠混合后在云母表面的吸附形貌如图 5-8(e) 所示，在图中可以发现非常多的纳米气泡，但是其直径非常小，其中一些较大的纳米气泡吸附在油酸钠分子形成的薄膜上。结合 zeta 电位的结果，可以得出这样的结论：纳米气泡和油酸钠分子预先在溶液中发现相互作用，形成油酸钠分子的疏水基指向纳米气泡内部，亲水基暴露在溶液中的一种带负电荷的纳米气泡包裹体。由于纳米气泡包裹体中的亲水基团（羧基）与云母表面的相互作用较强，包括静电吸引力、氢键以及羧基和云母表面原子的化学键作用力，所以整个纳米气泡包裹体都吸附在云母表面。相应地，在云母表面也没有发现较多的短纤维状物质，说明大多数油酸钠分子与纳米气泡结合，剩余游离在溶液中油酸钠分子由于浓度极低，很难在云母表面发生组装。较高浓度下油酸钠和纳米气泡溶液混合后在云母表面的吸附形貌如图 5-8(f) 所示，从图中可以发现大量的纳米气泡吸附在云母表面，直径大小不一，比图 5-8(e) 中的纳米气泡更大，数量更多。图 5-7 显示的是这种条件下AFM 光学显微镜下的结果，可以观察到宏观气泡的破裂过程，为了进一步在微观条件下观察气泡的破裂，将扫描范围扩大到 10μm，其结果如图 5-11 所示。从图中也发现了大量的纳米气泡，而且发现了一个有纳米气泡围成的圆环，圆环中间几乎没有纳米气泡，可以清楚地看到云母基底，这就是图 5-7 显示的微米气泡破裂后留下的"坑"，直径大小约为 7μm，和图 5-7 中观察到的"坑"的大小接近。图 5-11 中观察到的纳米气泡外观形貌不圆，可能是由于油酸钠的存在，导致水溶液的表面张力迅速降低，有文献报道称较低浓度的油酸钠可以使水溶液的表面张力由 72N/m 降低到 21N/m。溶液表面张力降低后，气泡与基底之间的黏滞力降低，AFM 探针从左往右扫描的过程中，将导致纳米气泡

向左发生形变。

图5-9为低浓度条件下，油酸钠在云母表面的吸附和组装形貌。从图中可以看出，较多的油酸钠吸附在云母表面，但是吸附高度仅有0.6~0.8nm左右，可以认为是油酸钠在云母表面形成单分子层吸附。油酸钠在云母表面吸附的横向尺寸非常小，它们自组装成"短纤维"，并且没有明显的方向性。

图5-10为高浓度下，油酸钠在云母表面的吸附和组装形貌。这个扫描图像是图5-8(c)中的一部分区域的扩大扫描。从图中可以看出，高浓度下，油酸钠在云母表面的覆盖率达到100%，其吸附高度在1~3nm之间，可以明显地观察到双层或多层吸附形式。油酸钠首先以"短纤维"的形状吸附在云母基底表面，然后溶液中的油酸钠分子可以在这些"短纤维"的油酸钠上面再次发生吸附或组装行为。这种吸附或组装明显地分为两种形式，一种是以薄膜的形式吸附，另一种则自组装成圆环的形状。薄膜的高度相对较均匀，主要集中在2nm左右，并且在薄膜上吸附的纤维长度更大。那些自组装成圆环的油酸钠相对较为分散，环形直径大小比较均一，在80~100nm之间，一般由3~6个"纤维状"的单体构成。油酸钠为什么会在云母表面发生这种环形的自组装行为，它们受哪些方面因素的影响，这种自组装行为有哪些方面的应用，以及如何控制这种组装行为的发生？这些问题都需要进一步研究。

图5-11为微米气泡破裂区域的原子力显微镜成像。在图的中心位置出现了一个直径接近7μm左右的圆环，其外部有非常多的纳米气泡，而内部几乎没有。这是较多的纳米气泡相互融合，逐渐变大，最后破裂的过程导致，这样也可以间接地证明AFM观察的颗粒确实是气泡。

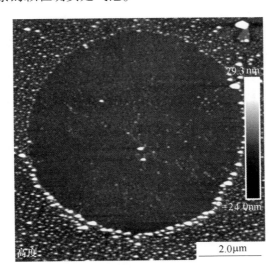

图5-11　微米气泡破裂区域的原子力显微镜成像

5.4.4　纳米气泡的力学性质

由于原子力显微镜不具有化学元素识别能力，所以在原子力显微镜的高度图上观察的纳米气泡不容易被其他研究者认可，他们认为是样品制备或者扫描操作过程中引入的不溶于水的有机物在基底上面形成纳米油滴。中国科学院上海应用物理研究所王兴亚等[66]采用原子力显微镜的 Force Volumn 模式获取了纳米油滴和纳米气泡的力曲线信息，通过对比发现纳米气泡和纳米油滴的力曲线信息有明显的差异，即其接近力曲线和返回力曲线上有两段较为平缓的区域，而纳米油滴则没有，油滴的力曲线只是线性地增大或减小。

图 5-12(a)　为图 5-8(e)　中纳米气泡的力曲线信息，图 5-12(b)　为图 5-8

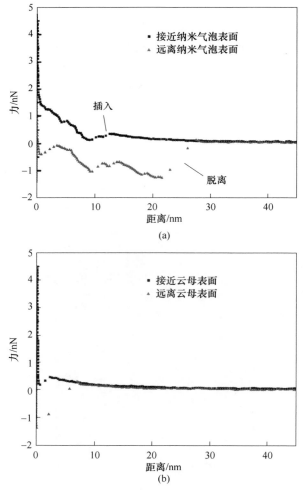

图 5-12　标准液相下纳米气泡和云母表面的力曲线信息

（a）中云母表面的力曲线信息。可以发现在纳米气泡的力曲线上存在多个突然跳跃的接触点（jump-in）和挣脱点（jump-off），但整体上表现出一段平坦区域。在同样区域内，纳米油滴和针尖的相互作用是单调增加或者单调减少的。当针尖与基底的距离非常近时，纳米气泡上的力曲线信息和云母表面的力曲线信息（见图5-12（b））类似，说明此时的力曲线信息是以针尖与纳米气泡下面基底发生的相互作用为主导。事实上，纳米气泡的力曲线信息中的平坦区域是由于气泡的三相线在针尖上出现的滑移导致。当针尖不断地挤压纳米气泡时，伴随着纳米气泡三相线在针尖上的滑移，导致其几乎不会"反抗"针尖的挤压，因此，针尖虽然在不断地挤压纳米气泡，但相互作用力几乎没有增加。

5.4.5　表面活性剂溶液中的纳米气泡与矿物表面相互作用的模型机制

在浮选体系中，由于矿浆环境的多样性，导致气泡、表面活性剂以及矿物颗粒的相互作用是非常复杂的。为了简化矿浆环境，将表面活性剂与纳米气泡溶液混合，通过zeta电位测试以及动态光散射分析了表面活性剂与纳米气泡的相互作用关系，然后利用原子力显微镜揭示表面活性剂改性后的纳米气泡在云母表面的作用机制。通过上述试验的结果，推测纳米气泡、表面活性剂以及矿物颗粒之间的相互作用模型，如图5-13所示。

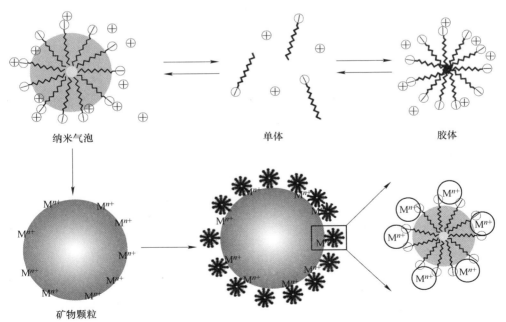

图5-13　溶液中纳米气泡、表面活性剂及矿物颗粒的相互作用模型

低浓度时，离子型表面活性剂以单体分子的形式存在于溶液中，解离后一端

是疏水基团，一端为亲水基团，亲水基团一般带有电荷。当表面活性剂溶液与纳米气泡相互作用时，表面活性剂的疏水端吸附在纳米气泡表面，并指向纳米气泡内部，带电荷的亲水基团指向溶液中。这样导致纳米气泡表面带有一圈相同电荷的亲水基团，由于同种电荷之间的静电排斥作用，纳米气泡之间的相互作用力以静电排斥力为主，所以带有电荷的纳米气泡在溶液中分散性较好，气泡与气泡之间的碰撞及融合成为大气泡，使破裂的可能性较低。

通常认为纳米气泡在矿物表面的吸附行为不具有化学元素的选择性，其吸附能力强弱只与矿物表面的物理性质有关（例如，表面疏水性、表面粗糙度等）。然而吸附了表面活性剂之间的纳米气泡对矿物表面的金属离子具有很强的选择性吸附能力，其选择性由表面活性剂的亲水基团决定。如果表面活性剂的亲水基团对矿物表面的某种金属离子有较强的配位反应能力，而不与矿物表面的其他金属发生反应，则可以实现纳米气泡对目的矿物的选择吸附。纳米气泡在目的矿物表面选择性吸附的实现，对微细粒矿物的强化浮选有重要的意义。首先，纳米气泡选择性吸附后，矿物表面的疏水性差异增大，有利于矿物的浮选过程。其次，由于纳米气泡之间的桥联作用，吸附有纳米气泡的矿物颗粒溶液发生聚团。由于纳米气泡的吸附具有选择性，所有矿物颗粒的聚团行为也具有选择性，选择性聚团的实现，导致目的矿物颗粒的表面粒径增大，其浮选回收也变得相对容易。最后，目的矿物颗粒吸附纳米气泡后，由于纳米气泡与宏观浮选气泡的相互碰撞与融合要比矿物微细颗粒与宏观气泡的相互碰撞容易，所以纳米气泡在目的矿物表面的选择性吸附有利于提高目的矿物颗粒与宏观浮选气泡的碰撞概率，提高矿化效率。

5.5　矿浆条件对纳米气泡性质的影响

浮选矿浆环境是非常复杂的，为了研究纳米气泡在复杂浮选体系中的变化规律，对浮选体系进行了简化，在去离子水中简单地加入酸、碱、盐以及表面活性剂，考查这些因素对溶液中纳米气泡的影响。其结果如图 5-14~图 5-17所示。

5.5.1　纳米气泡在酸性溶液中的性质

图 5-14 为溶液中纳米气泡的浓度随减压时间和静置时间的变化关系，从图5-14(a) 可知，溶液中纳米气泡的浓度随减压时间的增加而增加，当减压时间为 30min 时，溶液中纳米气泡的浓度达到最大值，接近 $5.8 \times 10^7/mL$。当减压时间大于 30min 时，溶液中纳米气泡的浓度略有降低，并且纳米气泡的稳定性变低（从图中的标准差值可以看出）。所以后面的试验都是在加压 10min，减压 30min的条件下进行。

图 5-14(b) 为去离子水中纳米气泡随静置时间的变化规律，从图中可以看出：在静置时间小于 2h，溶液中纳米气泡浓度随静置时间的增加而缓慢升高，这个现象可能是由于溶液中气体的溶解度[181] 和析出速度[182,183] 有关；当溶液静置时间为 2.5h 时，溶液中纳米气泡浓度快速增加到 $12.3×10^7/\text{mL}$，这可能是由于在这个时间内溶液中气体的过饱和度达到最大值；当溶液的静置时间超过 3.5h 时，溶液中的纳米气泡浓度逐渐减低。所以纯水中纳米气泡的最佳静置时间为 2.5~4h，这可能为体相纳米气泡的应用提供一个参考。

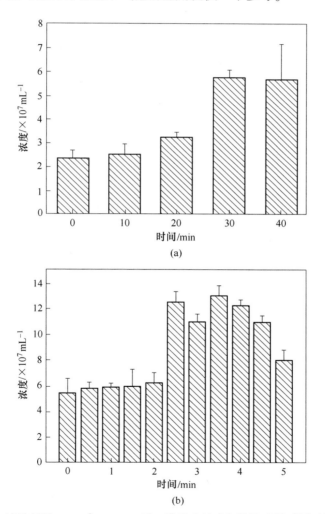

图 5-14　溶液保持 $10×10^5\text{Pa}$ 10min 后，溶液中纳米气泡浓度随减压时间的变化
关系（a）和溶液中纳米气泡浓度随溶液静置时间的变化关系（b）

当 pH 值为 4.5 时（使用稀盐酸调节），溶液中纳米气泡的浓度和直径大

小随溶液静置时间的变化关系如图 5-15 所示，对照组为酸性溶液，没有进行加压和减压过程。从图 5-15(a) 中可以看出，对照组中，酸性溶液的纳米气泡随着时间的变化不稳定，可能是由于 H⁺ 离子吸附在带负电荷的纳米气泡表面，导致纳米气泡表面的"净电荷"降低，气泡之间的静电排斥力降低，所以纳米气泡的稳定性随着降低。通过加压减压处理后，溶液中纳米气泡的浓度轻微增加，并且稳定性加强。酸性条件下溶液中纳米气泡的直径随静置时间的变化规律如图 5-15(b) 所示，可以发现加压减压后溶液中的纳米气泡直径变小。

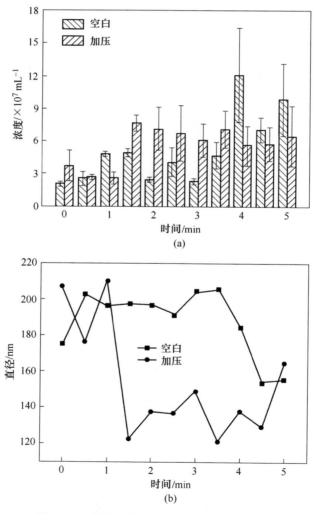

图 5-15　在盐酸溶液中纳米气泡的浓度（a）
和直径（b）随溶液静置时间的变化关系

5.5.2 纳米气泡在碱性溶液中的性质

当 pH 值为 9.5 时（使用氢氧化钠调节），溶液中纳米气泡的浓度和直径大小随静置时间的变化规律如图 5-16 所示。

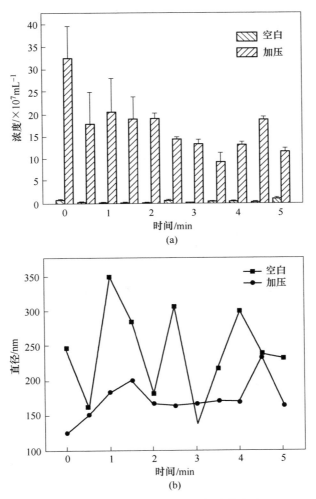

图 5-16　在氢氧化钠溶液中纳米气泡的浓度（a）
和直径（b）随溶液静置时间的变化关系

从图 5-16(a) 中可以发现，加压减压后，溶液中的纳米气泡浓度在刚开始时就达到最大值 $32.8 \times 10^7/mL$，尽管随着静置时间的增加，纳米气泡的浓度有下降的趋势，但是其浓度要远高于对照组中的浓度。当静置时间长达 5h 以后，溶液中纳米气泡的浓度仍然保持 $11.3 \times 10^7/mL$。图 5-16(b) 显示加压减压后，溶液中纳米气泡的直径分布一直维持在 150~200nm 之间。这可能是由于碱性条件下，纳米气泡表面吸附 OH⁻ 离子，导致其表面的负电荷增加，气泡之间的排斥力增大，所以变得更加稳定[95,96,184]。

5.5.3 纳米气泡在氯化钠溶液中的性质

在 $1.0×10^{-4}$ mol/L 的氯化钠溶液中纳米气泡的浓度和直径大小随溶液静置时间的变化规律如图 5-17 所示。在图 5-17(a) 中可以发现，加压减压后溶液中的纳米气泡浓度的最大值仅为 $3.0×10^7$/mL，要远低于酸性和碱性条件下的纳米气泡浓度。这可能是由于盐溶液的存在，导致纳米气泡表面的双电层被压

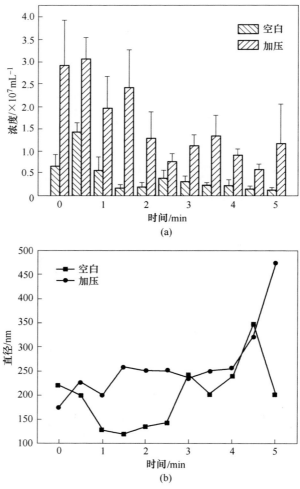

图 5-17 在氯化钠溶液中纳米气泡的浓度 (a)
和直径 (b) 随溶液静置时间的变化关系

缩，从而使得纳米气泡极易破裂。随着静置时间的增加，溶液中的纳米气泡浓度缓慢下降。在图5-17(b)中可以发现，加压减压后纳米气泡的直径随时间的增加而缓慢增大，而对照组中的纳米气泡直径随时间的变化规律不明显。

5.5.4　同步辐射硬 X 射线荧光测量

为了进一步证明 NTA 中观察到的纳米颗粒确实是纳米气泡，利用上海同步辐射光源的 BL15U1 线站进行 Kr 气微纳米气泡的硬 X 射线荧光检测。激发光的能量为16keV，测量 Kr 的 KL3 边。光斑大小为 2.5μm×3.4μm，数据采集时间为200s。图5-18 为样品池中溶液的光学显微镜成像，可以发现溶液中有许多微米级别的气泡，气泡大小范围在几微米到十几微米之间。研究认为在没有微米气泡的区域中，Kr 的荧光信号主要来自 Kr 纳米气泡以及水溶液中溶解的 Kr 气，在测量过程中选择没有微米气泡存在的区域作为测量点。

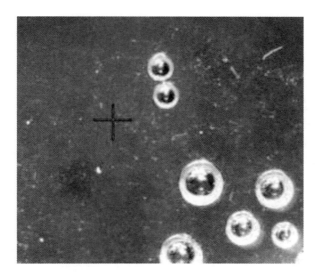

图5-18　标记微纳米气泡水溶液中的荧光点谱的测量位置

溶液中 Kr 气纳米气泡的浓度随溶液静置时间的变化规律以及溶液中 Kr 的硬 X 射线荧光强度结果如图5-19 所示。从图5-19(a) 中可以发现，氢氧化钠溶液中 Kr 气纳米气泡的浓度随溶液静置时间的增加而缓慢降低，趋势和氮气纳米气泡浓度的变化相一致。图5-18(b) 为氢氧化钠溶液中没有微米气泡的区域硬 X 射线荧光强度随溶液静置时间的变换规律，可以发现，随着时间的变化溶液中 Kr 荧光强度逐渐降低，这和溶液中 Kr 纳米气泡浓度的变化趋势一样。这表明体相溶液中纳米气泡是由 Kr 分子组成。

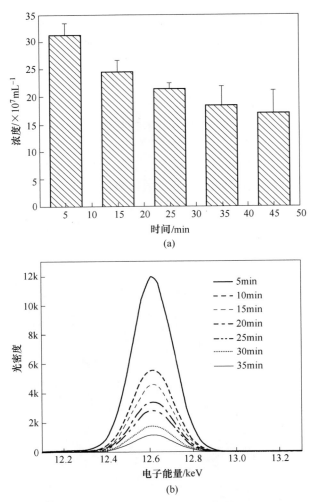

图 5-19　氢氧化钠溶液中 Kr 纳米气泡随溶液静置时间的变化关系（a）
和溶液中 Kr 的硬 X 射线荧光强度随静置时间的变化关系（b）

5.6　本章小结

（1）通过表面活性剂在纳米气泡表面的预先吸附作用，使得表面活性剂的疏水基团指向纳米气泡内部，而亲水基团指向溶液中，这样可以提高纳米气泡对矿物表面元素的吸附选择性，从而进一步提高纳米气泡对目的矿物的选择性吸附能力。

（2）不同含气量的溶液进行混合可以产生大量纳米气泡，在溶液中加入少量 10nm 左右的纳米颗粒效果更佳，并且该方法产生的纳米气泡可以稳定存在

4~5h。

（3）矿浆 pH 环境对溶液中纳米气泡的浓度及稳定性影响较大，弱碱性的环境可以产生大量稳定的纳米气泡，酸性环境不利于纳米气泡的稳定。

（4）在磨矿过程中加入 10%左右的乙醇，可以提高浮选精矿的回收率和品位，乙醇的加入，使磨矿的过程产生了大量的纳米气泡，而纳米气泡对微细粒金红石的浮选有利。纳米气泡和捕收剂预先混合后对微细粒金红石浮选的效果最佳。

6 选矿废水中苯乙烯膦酸的回收再利用

通过浮选药剂流程的改进解决了苯乙烯膦酸消耗大的问题，纳米气泡表面改性的矿物浮选工艺可以提高微细粒金红石的浮选回收率以及精矿中金红石的品位，然而对于选矿废水含膦捕收剂对环境的污染效果不大。虽然在枣阳原生金红石矿浮选过程中苯乙烯膦酸用量降低，但是选矿废水中还有一定量的苯乙烯膦酸残留。为了进一步解决残留的苯乙烯膦酸对环境的污染以及充分利用这一部分捕收剂，本章的主要研究方案是利用铅离子将溶液中残留的苯乙烯膦酸沉淀，然后使用纳米气泡浮选回收铅的苯乙烯膦酸沉淀，最后通过"新鲜"捕收剂和铅的苯乙烯膦酸沉淀以一定比例的配合，达到充分利用废水中含膦捕收剂的目的。

6.1 研究背景

前面提到在金红石的浮选中需要大量地使用苯乙烯膦酸作为捕收剂，虽然通过多种手段，例如金属离子活化，脂肪醇辅助捕收以及纳米气泡表面改性，可以大幅降低苯乙烯膦酸的用量，但是苯乙烯膦酸作为主要的捕收剂，其用量也是很大的[37,123,185,186]。大量含膦选矿废水的排放必然会污染附近河流、湖泊及地下水资源。为了控制湖泊的富营养化，以及治理已经污染的河流，必须投入巨大的经济和技术支持，并且这将是一项长期的修复过程[187~189]。从 2015 年开始，中国政府已经推出了两项国家项目（"水污染防治行动"计划和"生态文明建设"）提高湖泊、河流以及地下水的质量[187]。所以含膦选矿废水的预先处理，以达到国家规定的排放标准是必要的。现阶段使用最为广泛的处理含膦废水的方法有吸附、沉淀和溶解空气浮选法（DAF）。Huang 等报道了使用聚合硫酸铁吸附景观水体中 N 和 P，并研究了四种天然岩石促进吸附的协同影响机制[190]。他们发现在最佳条件下 N 和 P 的去除效率分别可以达到 53.53% 和 86.48%。氧化石墨的纳米颗粒和生物吸附反应器也都有应用于废水中 P 的吸附的报道。Abel-Denee 等人提出一种类似结石的沉淀方法去除废水中的 N 和 P，主要原理是生成的有机盐通过非均相成核以及随后的晶体生长被促进成压载胶体粒子。使用这种沉淀的方法在溶解的不参与化学反应溶液中，对 N 和 P 的移去效率分别达到 82.4% 和 66.6%[191]。Calgaroto 等报道了一种新型的浮选技术 DAF，用作 Brazilian 铁矿山选矿废水中胺类捕收剂的去除，胺的移去效率能达到 80%[192]。近年来 DAF 被认为是去除废水，特别是选矿废水中有机 N 和 P 的最有前景的方法。微纳米气泡对微细颗粒有明显的絮凝作用，然而先前的那些研究主要聚焦于应用，对于 DAF 过程中的相互作用以及机制的研究甚少，例如纳米气泡和纳米颗粒之间的相互作用。Zhang 和 Seddon 利用动态光散射（DLS）和纳米粒子跟踪分析（NTA）的方法研究了金纳米颗粒和纳米气泡的相互作用，他们发现纳米颗粒和纳米气泡的相互作用是通过纳米颗粒表面新的纳米气泡成核并生长完成的[166]，这与传统的碰撞理论不相符合。因此，进一步的研究 DAF 过程中的微观作用机制去解释这个看似相互矛盾的现象是有必要的。

在这个章节中，通过浮选研究纳米气泡对选矿废水中有机膦回收的影响，纳米气泡和纳米颗粒之间的相互作用机制通过原子力显微成像术（AFM）、动态光散射（DLS）以及纳米粒子跟踪分析方法（NTA）被揭示。研究发现在不同粒径的纳米颗粒范围内，纳米气泡和纳米颗粒的相互作用是不一样的。研究结果对于纳米气泡和颗粒相互作用的机制提供了一个新的观点，有利于 DAF 在废水处理方面应用的发展。

6.2 试验设计与研究方法

6.2.1 材料与药剂

使用二次蒸馏水配制 1.0×10^{-3} mol/L 苯乙烯膦酸（SPA）作为人造废水，SPA 的分子式为 $C_6H_5(CH_2)PO_3H_2$，相对分子质量为 184。SPA 购买于株洲选矿药剂厂，其纯度为 68%。在实验室经过多次的醇-水重结晶后，最终应用于试验的纯度为 95%。使用 $Pb(NO_3)_2$ 作为人工废水中 SPA 的沉淀剂，其浓度配制为 $3 \times 10^{-5} \sim 2 \times 10^{-4}$ mol/L。甲基异丁基甲醇（MIBC）作为浮选过程的起泡剂。高序裂解石墨（HOPG）购买于 Russia 的 Moscow 公司，其规格为 1.2×1.2 cm^2，ZYH 级别作为 AFM 扫描的基底，并在每次使用前都揭露新鲜表面。氮化硅探针在每次使用前都在等离子清洗机中清洗两分钟。

6.2.2 UV-vis 光谱检测

分别取 SPA（1.0×10^{-4} mol/L）的溶液和硝酸铅（3.0×10^{-5} mol/L、6.0×10^{-5} mol/L、1.0×10^{-4} mol/L、1.3×10^{-4} mol/L、1.6×10^{-4} mol/L 和 2.0×10^{-4} mol/L）溶液各 25mL 加入玻璃烧杯中。在 SHA-82A 中震荡 10min 后，取出样品并静置 2h，使用 13mm×0.45μm 的微孔注射过滤器过滤样品。上清液用作紫外可见吸收光谱的检测，其波长扫描范围为 190~340nm。

6.2.3 纳米气泡的产生以及检测

纳米气泡产生于夏之春纳米气泡发生器，其功率为 0.7~1.0m^3/L。纳米气泡发生器的原理是使水和气高度相溶混合，超声波空化弥散释放出高密度的、均匀的超微米气泡，形成"乳白色"的气液混合体。将"乳白色"的溶液静置10min，直到微米气泡消失溶液变得澄清。使用 NTA 检测澄清溶液中纳米气泡的性质，其结果如图 6-1 所示。图 6-1(a) 为纳米气泡的动态光散射信号，图 6-1(b) 为纳米气泡的直径与浓度的分布关系，可以看出纳米气泡的直径主要集中在 100~200nm，也有少部分分布在 250~350nm。

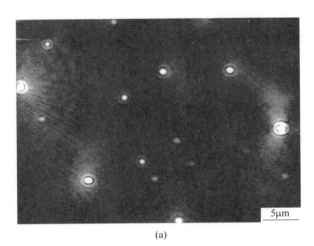

(a)

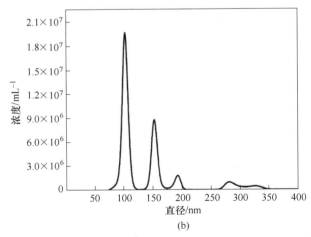

(b)

图 6-1　纳米气泡发生器工作 5min 后，纳米气泡在 NTA 中的
信号图 (a) 和纳米气泡的浓度随尺寸的分布关系 (b)

6.2.4　SPA-Pb 沉淀的制备

参考 Visa 等人对 $Cu(NO_3)_2$ 与 SPA 的反应研究[193]，SPA 和 $Pb(NO_3)_2$ 在溶

液中的化学反应如反应方程式（6-1）所示。SPA 和 Pb(NO$_3$)$_2$ 按照物质的量比为 1:1 进行化学反应，生成不溶于水的白色有机金属硝酸盐。

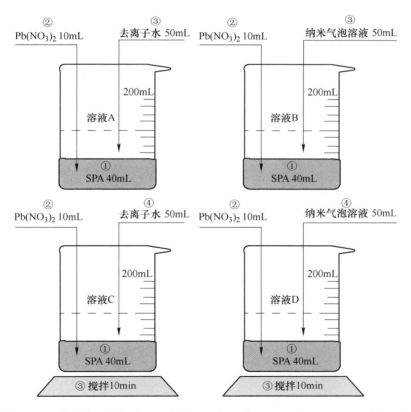

$$(6-1)$$

将 10mL 的 Pb(NO$_3$)$_2$ 溶液加入含有 40mL SPA 溶液的玻璃烧杯中，然后使用 50mL 的去离子水定容到 100mL。分别制备溶液 A~D，如图 6-2 的操作顺序（①~④）所示。使用 200r/min 的磁力搅拌器，在制备溶液 C 和 D 的过程中分别搅拌 10min。

图 6-2 四种溶液的制备过程：在溶液 A 和 B 中，10mL 的 Pb(NO$_3$)$_2$ 溶液加入 40mL 的 SPA 溶液中，然后使用去离子水将其定容到 100mL；在溶液 C 和 D 中，10mL 的 Pb(NO$_3$)$_2$ 溶液加入 40mL 的 SPA 溶液中，搅拌 10min 后再使用去离子水将其定容到 100mL

6.2.5　微纳米气泡浮选试验

微纳米气泡浮选试验在 100mL 的 XFD 挂槽浮选机中进行，SPA-Pb 沉淀颗粒的浮选流程如图 6-3 所示。将溶液 A～D 置于浮选槽中，搅拌 3min 后加入 MIBC 作为起泡剂。2min 后，浮选在没有捕收剂的情况下执行 3min。将精矿和尾矿分别干燥，称重。通过式（6-2）计算浮选产品的回收率。每一组试验平行操作三次，取平均值作为最终报道值。

$$R = \frac{m_1}{m_1 + m_2} \times 100\%　　　　　　　(6-2)$$

式中　R——SPA-Pb 沉淀颗粒的浮选回收率，%；
　　　m_1——干燥后泡沫产品的质量，g；
　　　m_2——尾矿产品干燥后的质量，g。

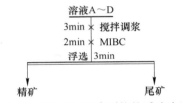

图 6-3　SPA-Pb 沉淀颗粒的浮选流程

6.2.6　动态光散射测试

SPA-Pb 沉淀的直径大小用 Malvern Nano ZS（HeNe 激光，633nm）测量。将 2mL 溶液 A～D 加入样品池中。在设定样品的折射率后，每个样品测试 30 次，每个测试时间 10s，去平均值作为记录结果。为了原位地检测 SPA-Pb 颗粒的结晶和生长，样品每 5min 原位测量一次。第一次测量是在注入溶液后 2min，因此第二次和第三次测量分别是在 7min 和 12min 以后。

6.2.7　AFM 扫描

SPA-Pb 沉淀在 HOPG 上的原位吸附形貌被表征采用 AFM 的 PeakForce QNM 模式成像。将 30μL 溶液 A～D 滴在新鲜的 HOPG 表面上，然后通过 AFM 表征。在 PF-QNM 中，峰值力幅度建立在 150nm，峰值力频率在 2kHz，扫描速率在 1Hz。

6.3　结果与讨论

6.3.1　UV-vis 光谱测试

在本研究中使用 Pb^{2+} 离子作为沉淀剂去沉淀和回收溶液中的 SPA 分子。采用紫外分光光度计研究 Pb^{2+} 离子浓度与溶液中 SPA 浓度的关系，确保在尽可能少地引入 Pb^{2+} 离子的情况下达到最大的 SPA 沉淀效率。

图 6-4 为溶液中 SPA 的去除效率与 Pb^{2+} 离子浓度的关系以及 SPA 溶液的标准曲线。由图 6-4(a) 可知，当铅离子浓度增加时，SPA 的吸光度值降低。当铅离子的浓度低于 10^{-4} mol/L 时，溶液的吸收峰出现在 206nm 处，这是 SPA 的特征吸收峰。当铅离子的浓度增加到 10^{-4} mol/L 时，206nm 处的吸收峰完全消失，这表明当铅离子的浓度和溶液中 SPA 浓度相同时，溶液中的 SPA 恰好刚刚反应完全，这与化学反应方程式（6-1）所示的反应相符合。当溶液中铅离子浓度继续增加时，紫外吸收峰从 206nm 处红移到 211nm，最后到 216.8nm。紫外吸收峰的

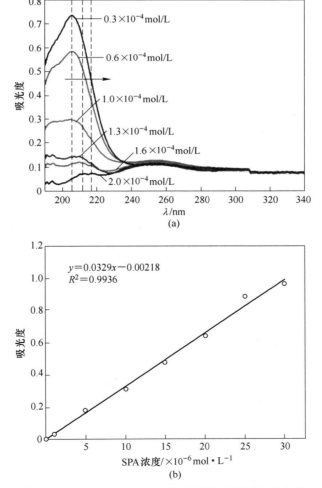

图 6-4 SPA（1.0×10^{-4} mol/L）及其与铅离子的化合物
的紫外光谱（a）和 SPA 的标准曲线（b）

红移表明，随着铅离子浓度的增加，SPA 和铅离子络合物的空间位阻变大，这可能是随着铅离子浓度的增加形成了水溶性金属有机配合物。因此控制溶液中铅离子的浓度与 SPA 恰好完全反应是有重要意义的。

在图 6-4(b) 中，通过浓度为 1×10^{-6} mol/L、5×10^{-6} mol/L、10×10^{-6} mol/L、15×10^{-6} mol/L、25×10^{-6} mol/L 和 30×10^{-6} mol/L 的标准 SPA 溶液绘制 SPA 的标准分析曲线。拟合曲线中的 R^2 为 0.9936，表明标准曲线在研究范围内呈正相关。

6.3.2　微纳米气泡浮选

溶液 A~D 中 SPA-Pb 沉淀颗粒的浮选回收率与甲基异丁基甲醇（MIBC）浓度的关系，以及纳米气泡发生器的工作时间对纳米气泡浓度的影响如图 6-5 所示。这四种溶液中的纳米颗粒的浮选回收率存在较大的差异。在溶液 A 中的沉淀

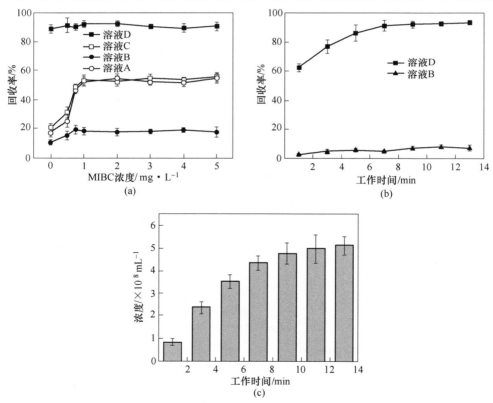

图 6-5　微纳米气泡浮选试验结果

（a）SPA-Pb 沉淀颗粒的浮选回收率随 MIBC 浓度的变化关系（纳米气泡发生器的工作时间为 7min）；

（b）SPA-Pb 沉淀颗粒的浮选回收率随纳米气泡发生器的工作时间的变化关系；

（c）溶液中纳米气泡的浓度随纳米气泡发生器工作时间的变化关系

颗粒浮选回收率一直低于 20%，在低浓度 MIBC 的情况下溶液 B 和 C 中的纳米颗粒的浮选回收率在 20%~50% 之间。当 MIBC 的浓度超过 1mg/L 时，沉淀颗粒的浮选回收率可以达到 53.28%。溶液 A 和 C 因为它们的制备过程相似，所以导致其中沉淀颗粒的浮选回收率也相似。即使在没有 MIBC 的情况下，溶液 D 中的纳米颗粒的浮选回收率也超过 90%。溶液 D 中的沉淀颗粒的天然可浮性非常好，和方铅矿的天然可浮性相似[194]。纳米气泡可以显著地提高沉淀颗粒的可浮性，这可以通过比较溶液 C 和 D 的沉淀颗粒的浮选回收率发现。这和先前的研究非常相似，他们发现纳米气泡的主要作用是使微细颗粒团聚[156,195,196]。

在图 6-5(b) 中，随着纳米气泡发生器的工作时间的增加，溶液 D 中沉淀颗粒的浮选回收率急剧增加。纳米气泡的浓度随纳米气泡发生器工作时间的关系如图 6-5(c) 所示，随着纳米气泡发生器的工作时间的增加，纳米气泡的浓度显著增加。可以得出，溶液 D 中沉淀颗粒的浮选回收率的增加归咎于溶液中纳米气泡浓度的增加。当纳米气泡的浓度达到 4.53×10^8/mL 时，溶液 D 中沉淀颗粒的浮选回收率达到最大值（约 90%），然后稳定在 90% 左右。然而，溶液 B 中沉淀颗粒的浮选回收率一直低于 10%。沉淀颗粒在溶液 B 和溶液 D 中的浮选回收率存在较大的差异。原因可以解释为：在两种溶液中都加入了纳米气泡，但溶液 B 中是没有搅拌直接加入纳米气泡，溶液 D 则是预先搅拌 10min 然后加入纳米气泡，搅拌的目的是促进溶液中沉淀颗粒的结晶。由于纳米气泡的桥联作用，纳米气泡对微细粒晶体具有絮凝的作用。然而，如图 6-5(b) 所示，纳米气泡可以阻碍颗粒的结晶过程，降低浮选回收率。接下来，将使用 DLS 和 AFM 试验来进一步探讨纳米气泡对沉淀颗粒浮选行为的相中相反的作用。

6.3.3 动态光散射分析

图 6-6 为溶液中 SPA-Pb 沉淀颗粒的原位结晶和生长分析。在图 6-6(a) 中，2min 后的结果表明溶液 A 的沉淀颗粒的尺寸大约在 100nm，原位测试的结果显示，沉淀颗粒的尺寸逐渐变大，这主要是由于颗粒晶体的生长。7min 后，颗粒的大小基本上分布在约 500nm，12min 后，主要集中在 2μm。

图 6-6(b) 显示溶液 B 中沉淀颗粒的尺寸主要分布在 100~300nm 附近，并且在 7min 后保持相同，表明沉淀颗粒的晶体不能生长并且仅形成较小的晶体颗粒。

图 6-6(c) 的原位结果表明，在 7min 和 12min 后颗粒的直径基本上没有变化，这表明沉淀的颗粒已经结晶，并且在搅拌 10min 后溶液中的生长完成。

图 6-6(d) 显示溶液 D 中沉淀颗粒的尺寸在 2min 后从 4μm 增加至 7min 的近 10μm。结果表明，与溶液 C 相比，纳米气泡确实可以在溶液中絮凝微细颗粒，这与图 6-5(c) 的结果一致。

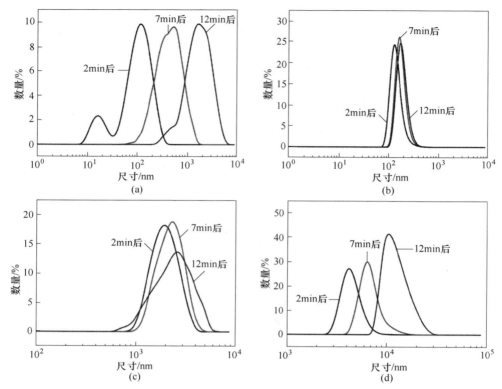

图 6-6　在 A~D 溶液中，SPA-Pb 沉淀颗粒的原位动态

光散射测量的颗粒直径大小结果

（图（a）~（d）分别代表 A~D 溶液中的结果）

6.3.4　AFM 试验

　　在 DLS 结果的基础上还进行了 AFM 试验，观察溶液 A~D 中的 SPA-Pb 沉淀颗粒在疏水性的高序裂解石墨（HOPG）表面的沉淀过程。图 6-7 为在溶液 A~D 中 HOPG 上的 SPA-Pb 沉淀颗粒的原位 AFM 图像。从图 6-7（a_1）~（a_3）记录了溶液 A 中沉淀颗粒在 HOPG 表面的原位吸附过程。在图 6-7（a）中，发现沉淀颗粒沿着 HOPG 的台阶进行吸附，当在 HOPG 台阶上的吸附达到一定程度后，沉淀物开始以薄膜的形式吸附在 HOPG 表面。从图 6-7（a_1）和（a_2），薄膜厚度开始略微增加。值得注意的是，整个扫描区域基本上被沉淀物覆盖，并且从开始的 5nm 厚度到后面的 15nm 厚度。在文献中提到的疏水性物质，例如，纳米气泡[121,197]、蛋白质[198] 都是很容易吸附在疏水性 HOPG 表面。这表明 HOPG 表面上晶体的生长速率远低于在体相溶液中的晶体生长速率，并且颗粒的尺寸远小于体相中的尺寸，但是这种增长的趋势和体相溶液中的一样。

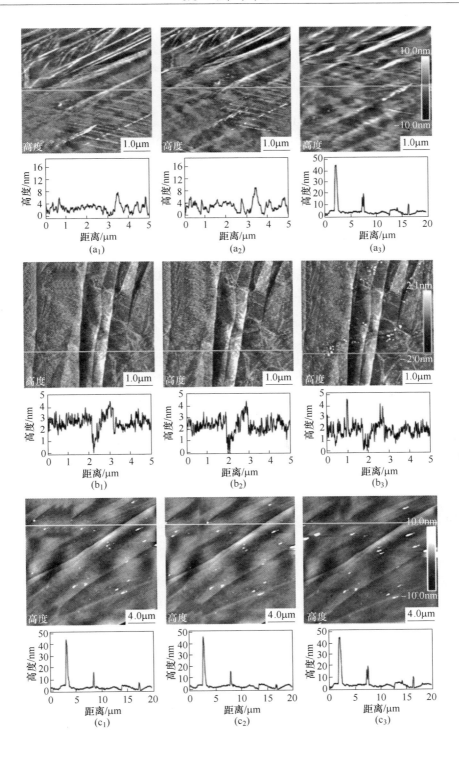

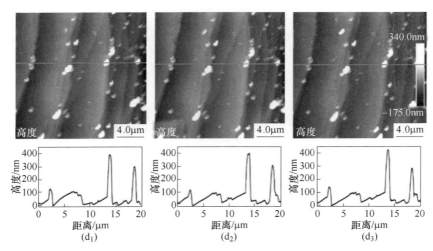

图 6-7　在 A~D 溶液中 SPA-Pb 沉淀颗粒在 HOPG 表面的吸附形貌
原子力显微镜原位高度图和画线部分的高度分析

((a)~(d) 分别代表 A~D 溶液；下标 1~3 表示时间间隔顺序，每两幅图的扫描时间间隔 5min；
扫描范围：(a) 和 (b) 为 5μm×5μm，(c) 和 (d) 为 20μm×20μm)

在图 6-7(b) 中，溶液 B 中的沉淀颗粒均匀地分散在 HOPG 表面，其尺寸接近 1nm。正如在原位结果中表现的那样，沉淀颗粒不会生长并且仅在 HOPG 表面略微累积。这种累积的速度非常缓慢。当沉淀颗粒开始结晶时，纳米气泡阻碍了沉淀颗粒在 HOPG 表面的生长，这使得沉淀颗粒能够以非常小的尺寸吸附在 HOPG 表面，这也与 DLS 的结果 (图 6-6(b)) 相一致，即纳米气泡抑制沉淀晶体的结晶与生长。

在图 6-7(c) 中，溶液 C 中沉淀颗粒的数量要明显少于溶液 A 和 B 中，并且尺寸范围在 10~50nm 之间。原位结果表明，随着时间的推移，纳米颗粒的形态和高度基本上没有变化。这表明在搅拌 10min 后沉淀颗粒已经在溶液中结晶完成。

在图 6-7(d) 中，溶液 D 中沉淀颗粒的数量和尺寸都大于溶液 C 中，表明在纳米气泡处理后沉淀颗粒的疏水性增加，一次增加了 HOPG 表面的吸附量，此外纳米气泡容易使溶液中的疏水性颗粒发生絮凝，并且发现沉淀颗粒的尺寸远大于 AFM 结果中溶液 C 中的沉淀颗粒的尺寸。然而，发现同样的现象是随着扫描时间的改变，溶液 D 中的纳米颗粒的形态和高度基本上没有变化。纳米气泡絮凝的沉淀颗粒不会在 HOPG 表面上生长或者累积，这表明界面处的絮凝很快就完成了。因此在原位 AFM 结果的界面处未发现沉淀颗粒的连续性和集聚过程。

在图 6-7 的综合分析中，纳米气泡对溶液中沉淀颗粒的结晶行为和 HOPG 表面的吸附过程产生两种不同的影响。在沉淀反应和颗粒结晶之前将纳米气泡加入溶液中，它们可以一直沉淀颗粒的结晶。因此，沉淀颗粒以较小尺寸吸附在HOPG 表面。此外，在沉淀反应后将纳米气泡加入溶液中并完成颗粒结晶，这样能够引起沉淀颗粒的絮凝，在原位 AFM 的结果中没有观察到沉淀颗粒尺寸的变化。有人提出，纳米气泡在沉淀颗粒晶体上的絮凝只能在体相溶液中重新形成，而在界面处不会发生。

6.4　结果讨论

基于以上结果，发现纳米气泡会抑制 SPA-Pb 沉淀的结晶，但是它们会显著提高沉淀颗粒的浮选回收率，因此，提出了纳米气泡和沉淀颗粒在颗粒结晶和浮选过程中的相互作用机制图，如图 6-8 所示。

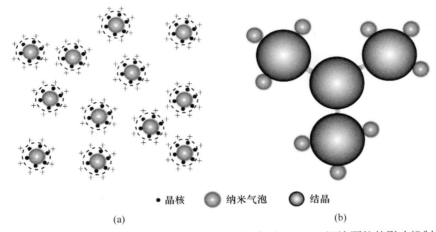

● 晶核　　⬤ 纳米气泡　　● 结晶

(a)　　　　　　　　　　　　　　　　(b)

图 6-8　纳米气泡在结晶（a）和浮选（b）过程中对 SPA-Pb 沉淀颗粒的影响机制模型

在沉淀结晶过程中，沉淀颗粒刚开始形成晶核时，如果此时加入纳米气泡，那些小的晶核被纳米气泡捕获并阻碍其结晶，如图 6-8(a) 所示。可以解释为，疏水性纳米颗粒易于吸附在纳米气泡上，正如气泡容易在疏水性基底上形成一样[197,199,200]。从纳米气泡粒子追踪分析的测量来看，纳米气泡在水溶液中主要分布在 100~200nm[112]，然而在图 6-7(b) 中发现 SPA 沉淀颗粒的尺寸小于 1nm。假设纳米气泡的表面被纳米颗粒占据，纳米颗粒占据后的纳米气泡直径没有明显的变化，因为纳米气泡的直径超过纳米颗粒的 100 倍。图 6-6(b) 中发现的那些粒子也主要分布在 100nm 左右，与纳米气泡的直径和稳定性非常相似[112,201]。颗粒与颗粒之间的碰撞概率非常低，因为颗粒-气泡的整体体积非常小[202,203]。此外，颗粒表面带有弱的正电荷，考虑到颗粒表面积小，所有颗粒表面的电荷密度较大，颗粒与颗粒之间的相互作用基本上是静电斥力，并使整体体系维持稳定。但是在浮选过程中，沉淀颗粒已经结晶并形成较大的聚集体，如图 6-6(b) 和图

6-7(b) 所示，纳米气泡将吸附在那些大颗粒表面。如图 6-8(b) 所示，颗粒表面的纳米气泡将形成纳米气桥[68,204,205]，并将很多的沉淀颗粒链接在一起。正如图 6-5(b) 所示，这将大幅提高沉淀颗粒的浮选回收率。

6.5　本章小结

本章设计了四种含有纳米颗粒的溶液，研究了纳米气泡对选矿废水中含膦有机物沉淀回收的影响。结果表明：纳米气泡在颗粒结晶和颗粒浮选过程中有不同的作用。在颗粒结晶过程中，纳米气泡阻碍 SPA-Pb 纳米颗粒的结晶，使其以稳定的晶核形式存在，晶核的直径在 1nm 左右。但是在它们可以使结晶完成后的 SPA-Pb 晶体（大约 2μm）发生絮凝作用，从而提高颗粒的浮选回收率。这些结论被 DLS 和 AFM 试验结果所证实，这个发现有利于理解纳米气泡与疏水性颗粒之间的相互作用并提高纳米气泡在矿物浮选方面的可能性应用。

7 结　论

针对枣阳原生金红石矿的高效、低成本的浮选回收，本书围绕传统浮选流程中存在的浮选药剂成本高、金红石精矿品位低及选矿废水污染大等关键科学问题和技术瓶颈，展开了基于纳米气泡表面改性的枣阳原生金红石矿强化浮选的基础研究。通过金红石和角闪石单矿物浮选行为差异特征、铅离子和铋离子活化矿浆环境的差异、纳米气泡在矿物表面的吸附机制，以及对浮选行为的影响、纳米气泡对选矿废水中含膦、氮捕收剂的回收利用等研究，得出以下结论：

（1）单矿物浮选试验表明，油酸钠对金红石的捕收能力最强，苯乙烯膦酸对金红石的选择性最佳，且两者适用的矿浆 pH 不同，前者为弱碱性，后者为强酸性。油酸钠作为捕收剂时，铅离子对金红石有较好的活化效果；苯乙烯膦酸作为捕收剂时，铋离子对金红石有较好的活化效果。强酸性条件下铋离子对金红石活化机制可以描述为：金红石表面的含钙杂质在强酸条件下溶解，溶液中的铋离子刚好占据了钙离子留下的空位；铋离子与羟基化的金红石表面发生质子取代反应，生成 $Ti—O—Bi^{2+}$ 的化合物；铋离子以羟基化合物的形式吸附在金红石表面，增加了苯乙烯膦酸的吸附位点。

（2）枣阳原生金红石矿采用油酸钠作为主要捕收剂进行粗选和扫选，苯乙烯膦酸作为主要捕收剂进行精选，以铅离子和铋离子分别作为两者活化剂的浮选流程，最终可以获得回收率为 83.43%，TiO_2 品位为 78.68%的金红石精矿。该流程不仅获得较高的浮选指标，而且减少了 80%以上的苯乙烯膦酸用量，极大程度上降低了选矿成本。粗选过程中（弱碱性条件下），油酸钠主要吸附在金红石表面，但是也有部分吸附在角闪石表面。粗精矿在精选过程中（强酸性条件），原本在碱性条件下吸附在金红石表面的油酸钠部分溶解到矿浆溶液中，而在酸性条件下，苯乙烯膦酸在金红石表面的吸附能力较强，这样导致金红石表面的疏水性得到强化。相反，在酸性条件下，原本吸附在角闪石表面的油酸钠绝大部分溶解到矿浆溶液中，而苯乙烯膦酸几乎不在角闪石表面发生吸附，这样导致角闪石表面的疏水性得到强烈的抑制。

（3）不同含气量的溶液进行混合可以产生大量纳米气泡，在溶液中加入少量 10nm 左右的纳米颗粒效果更佳，并且该方法产生的纳米气泡可以稳定存在 4～5h。矿浆 pH 环境对溶液中纳米气泡的浓度及稳定性影响较大，弱碱性的环境可以产生大量稳定的纳米气泡，酸性环境不利于纳米气泡的稳定。通过表面活性剂在纳米气泡表面的预先吸附作用，使得表面活性剂的疏水基团指向纳米气泡内部，而亲水基团指向溶液中，这样可以提高纳米气泡对矿物表面元素的吸附选择性，从而进一步提高纳米气泡对目的矿物的选择性吸附能力。在磨矿过程中加入10%左右的乙醇，可以提高枣阳原生金红石矿的浮选精矿中金红石的回收率及品位，这是由于乙醇的加入，在磨矿的过程中产生了大量的纳米气泡，而纳米气泡对微细粒金红石的浮选有利。纳米气泡和捕收剂预先混合对微细粒金红石浮选的效果最佳。

（4）纳米气泡在颗粒结晶和颗粒浮选过程中有不同的作用。在颗粒结晶过程中，纳米气泡阻碍 SPA-Pb 纳米颗粒的结晶，使其以稳定的晶核形式存在，晶核的直径在 1nm 左右。但是在它们可以使结晶完成后的 SPA-Pb 晶体（大约 $2\mu m$）发生絮凝作用，从而提高颗粒的浮选回收率。这些结论被 DLS 和 AFM 试验结果所证实，这个发现有利于理解纳米气泡与疏水性颗粒之间的相互作用并提高纳米气泡在矿物浮选方面的可能性应用。

参 考 文 献

[1] De la R J M, Miller A Z, Santiago P J, et al. Dionisio Amelia. Assessing the effects of UVA photocatalysis on soot-coated TiO_2-containing mortars [J]. Science of the Total Environment, 2017, 605: 147~157.

[2] Nam I, Park J, Park S, et al. Observation of crystalline changes of titanium dioxide during lithium insertion by visible spectrum analysis [J]. Physical Chemistry Chemical Physics, 2017, 19 (20): 13140~13146.

[3] 王立平, 王镐, 高顾, 等. 我国钛资源分布和生产现状 [J]. 稀有金属, 2004, 28 (1): 265~267.

[4] 吴贤, 张健. 中国的钛资源分布及特点 [J]. 钛工业进展, 2006, 23 (6): 8~12.

[5] 雷必春. 湖北枣阳金红石储量全国之冠 [J]. 地球, 1992 (3): 10~11.

[6] 邱杰, 王克礼. 大冶有色与枣阳市签订金红石矿开发协议 [J]. 中国金属通报, 2012 (5): 7.

[7] 蒙钧. 加快我国金红石生产的发展步伐 [J]. 轻金属, 1999 (8): 41~43.

[8] 徐少康. 建国 50 年来我国金红石矿产地质勘查及研究历史的回顾 [J]. 化工矿产地质, 1999 (3): 188~192.

[9] 岳铁兵. 细粒金红石的浮选分离研究 [D]. 沈阳: 东北大学, 2006.

[10] 高利坤. 细粒难选金红石矿分步浮选工艺及理论研究 [D]. 昆明: 昆明理工大学, 2009.

[11] 徐少康. 我国主要金红石矿床金红石自然颗粒产状及粒度特征 [J]. 化工矿产地质, 2001, 23 (2): 101~103.

[12] 张宗华, 戴惠新, 吴幼竺, 等. 会东难选金红石矿的矿物工艺特性及选矿试验研究 [J]. 云南冶金, 2001, 30 (5): 7~13.

[13] 王军, 程宏伟, 李开运, 等. 枣阳原生金红石矿选冶新工艺 [J]. 有色金属工程, 2014, 4 (6): 28~30.

[14] 孙小俊, 曾祥龙, 李建华, 等. 基于磁选预富集的湖北枣阳金红石矿石选矿试验 [J]. 金属矿山, 2016, 45 (1): 93~96.

[15] 刘贝, 王军, 覃文庆, 等. 湖北枣阳细粒原生金红石矿浮选分离研究 [J]. 有色金属 (选矿部分), 2014 (6): 38~42.

[16] 刘贝. 枣阳难选金红石浮选分离研究 [D]. 长沙: 中南大学, 2013.

[17] Terzi M, Kursun I. Investigation of recovery possibilities of rutile minerals from the feldspar tailings with gravity separation methods [J]. Russian Journal of Non-Ferrous Metals, 2015, 56 (3): 235~245.

[18] Venter J A, Vermaak M K G, Bruwer J G. Influence of surface effects on the electrostatic separation of zircon and rutile [J]. Journal of the Southern African Institute of Mining & Metallurgy, 2008, 108 (1): 55~60.

[19] Struthers A A, Hayes P C. The effects of thermal pretreatment on the electrical conductivities of rutile and zircon [J]. Journal of Cellular Biochemistry, 1991, 94 (1): 178~193.

［20］ Chachula F, Liu Q. Upgrading a rutile concentrate produced from Athabasca oil sands tailings ［J］. Fuel, 2003, 82 (8): 929~942.

［21］ Liu Q, Fridlaender F J. Selective collection of non-magnetic rutile and quartz by means of a magnetic reagent by HGMS ［J］. IEEE Transactions on Magnetics, 2002, 30 (6): 4668~4670.

［22］ Bulatovic S, Wyslouzil D M. Process development for treatment of complex perovskite, ilmenite and rutile ores ［J］. Minerals Engineering, 1999, 12 (12): 1407~1417.

［23］ Bertini V, Pocci M, Marabini A, et al. 3, 4-(Methylenedioxy) benzyl acrylate/acrylic acid copolymers as selective pH-controlled flocculants for finely divided titanium minerals ［J］. Colloids & Surfaces, 1991, 60 (91): 413~421.

［24］ 任爱军, 赵希兵. 山西某金红石矿选矿试验研究 ［J］. 有色金属 (选矿部分), 2008 (2): 15~19.

［25］ 张木辰. 河南省变质金红石矿床地质特征 ［J］. 河南国土资源, 1991 (2): 1~8.

［26］ 高利坤, 张宗华, 李春梅. 河南方城金红石矿选矿试验研究 ［J］. 矿产综合利用, 2003 (3): 3~8.

［27］ 梁景晖, 张良宋. 河南某地金红石矿选矿研究 ［J］. 化工矿物与加工, 1992 (1): 33~35.

［28］ 张宗华, 戴惠新, 吴幼竺, 等. 新山金红石的矿物工艺特性与选矿工艺初探 ［J］. 材料研究与应用, 2001, 11 (1): 5~8.

［29］ 贾琇明. 山西省代县碾子沟金红石矿床矿物学及年代学研究 ［D］. 北京: 中国地质大学 (北京), 2007.

［30］ 曲升. 脉矿金红石矿石宽级别重选工艺探讨 ［J］. 化工矿产地质, 1993 (2): 123~126.

［31］ 王宝娴. 涞水金红石选矿试验研究 ［J］. 中国非金属矿工业导刊, 1997 (4): 20~25.

［32］ 王卫初. 东海县金红石矿中石榴子石的综合回收 ［J］. 矿产保护与利用, 1999 (2): 20~22.

［33］ 王勇海. 榴辉岩型金红石矿选矿工艺研究 ［D］. 长沙: 中南大学, 2010.

［34］ 罗立群, 陈雯, 姚江诚. 陕西安康金红石矿综合开发研究 ［C］. 全国选矿专业学术年会, 2002.

［35］ Xiao W, Cao P, Liang Q, et al. Adsorption behavior and mechanism of Bi (Ⅲ) ions on rutile-water interface in the presence of nonyl hydroxamic acid ［J］. Transactions of Nonferrous Metals Society of China, 2018, 28 (2): 348~355.

［36］ Li H, Mu S, Weng X, et al. Rutile Flotation with Pb^{2+} Ions as Activator: Adsorption of Pb^{2+} at Rutile/Water Interface ［J］. Colloids & Surfaces A Physicochemical & Engineering Aspects, 2016, 506: 431~437.

［37］ Xiao W, Cao P, Liang Q, et al. The activation mechanism of Bi^{3+} ions to rutile flotation in a strong acidic environment ［J］. Minerals, 2017, 7 (7): 113.

［38］ 朱建光. 浮选金红石用的捕收剂和调整剂 ［J］. 国外金属矿选矿, 2008, 45 (2): 3~8.

［39］ Wang J, Cheng H, Zhao H, et al. Flotation behavior and mechanism of rutile with nonyl hydroxamic acid ［J］. Rare Metals, 2016, 35 (5): 419~424.

［40］ Graham K, Madeley J. D. Relation between the zeta potential of rutile and its flotation with sodium dodecyl sulphate [J]. Journal of Chemical Technology & Biotechnology, 2010, 12 (11): 485~489.

[41] Liu Q, Peng Y. The development of a composite collector for the flotation of rutile [J]. Minerals Engineering, 1999, 12 (12): 1419~1430.

[42] 彭勇军, 李晔, 许时. 苯乙烯膦酸与脂肪醇对金红石浮选的影响 [J]. 中国有色金属学报, 1999, 9 (2): 358~362.

[43] 梁倩楠, 王军, 曹攀, 等. 金红石异步浮选新工艺探索 [J]. 矿冶工程, 2017, 37 (6): 42~44.

[44] 方启学, 肖庆苏. 微细粒矿物资源选矿新技术研究 [C]. 中国有色金属学会学术会议, 1997.

[45] 杜文平. 微细粒矿物浮选研究进展 [J]. 铜业工程, 2017 (2): 63~68.

[46] 肖骁, 张国旺. 微细粒矿物的选择性解离强化分选技术 [J]. 中国矿业, 2010, 19 (12): 62~64.

[47] Yoon R H, Luttrell G H. The effect of bubble size on fine particle flotation [J]. Mineral Processing and Extractive Metallurgy Review, 1989, 5 (1~4): 101~122.

[48] Rulyov N N. Combined microflotation of fine minerals: theory and experiment [J]. Mineral Processing & Extractive Metallurgy, 2016, 125 (2): 81~85.

[49] 杨久流, 罗家珂. 微细粒矿物的分选技术 [J]. 国外金属矿选矿, 1995 (5): 5~11.

[50] Fuerstenau M C, Miller J D, Kuhn M C. Chemistry of flotation [M]. American Institute of Mining, Metallurgical, and Petroleum Engineers, 1985.

[51] Deglon D A, Sawyerr F, O'Connor C T. A model to relate the flotation rate constant and the bubble surface area flux in mechanical flotation cells [J]. Minerals Engineering, 1999, 12 (6): 599~608.

[52] 覃文庆, 王佩佩, 任浏祎, 等. 颗粒气泡的匹配关系对细粒锡石浮选的影响 [J]. 中国矿业大学学报, 2012, 41 (3): 420~424.

[53] 任浏祎. 细粒锡石颗粒-气泡间相互作用及其对浮选的影响 [D]. 长沙: 中南大学, 2012.

[54] Luo L, Nguyen A V. A review of principles and applications of magnetic flocculation to separate ultrafine magnetic particles [J]. Separation and Purification Technology, 2017, 172: 85~99.

[55] Leistner T, Peuker U A, Rudolph Martin. How gangue particle size can affect the recovery of ultrafine and fine particles during froth flotation [J]. Minerals Engineering, 2017, 109: 1~9.

[56] Edzwald J K. Principles and applications of dissolved air flotation [J]. Water Science & Technology, 1995, 31 (3~4): 1~23.

[57] Miettinen T, Ralston J, Fornasiero D. The limits of fine particle flotation [J]. Minerals Engineering, 2010, 23 (5): 420~437.

[58] Yoon R H, Adel G T, Luttrell G H. A process and apparatus for separating fine particles by microbubble flotation together with a process and aprocess and apparatus for generation of microbubbles: US, 4981582 [P]. 1991.

[59] 龚明光. 泡沫浮选 [M]. 北京: 冶金工业出版社, 2007.

［60］Shean B J, Cilliers J J. A review of froth flotation control ［J］. International Journal of Mineral Processing, 2011, 100 （3）: 57~71.

［61］Rubio J, Hoberg H. The process of separation of fine mineral particles by flotation with hydrophobic polymeric carrier ［J］. International Journal of Mineral Processing, 1993, 37 （1~2）: 109~122.

［62］Barbian N, Cilliers J J, Montes-Atenas G, et al. An investigation into the use of electro-flotation in the industrial treatment of fine mineral particles ［C］. Mineral Engineering, 2007, 21 （12~14）.

［63］Gui X, Li M, Wang D, et al. Oxidized slime sorting method based on nanobubbles involves adding surfactant to aqueous solution, stirring, generating nanobubbles, mixing with oxidized slime, adding flotation reagent, and producing fine coal and tail coal: 中国, 105855065-A ［P］. 2016-8-17.

［64］Gui X, Xing Y, Li C, et al. Method for sorting hard - to - float slime, involves feeding nanobubble solution into agitation tank, adding flotation agent into tank followed by improving hydrophobicity of coal particles, feeding pulp into countercurrent and tailing coal: CN106000658-A; CN106000658-B ［P］. 2016-10-12.

［65］Etchepare R, Oliveira H, Azevedo A, et al. Separation of emulsified crude oil in saline water by dissolved air flotation with micro and nanobubbles ［J］. Separation and Purification Technology, 2017, 186: 326~332.

［66］王兴亚. 利用先进纳米探测技术对纳米气泡特性的研究 ［D］. 上海: 中国科学院大学（中国科学院上海应用物理研究所）, 2018.

［67］Zhou Z A. Role of hydrodynamic cavitation in fine particle flotation ［J］. International Journal of Mineral Processing, 1997, 51 （97）: 139~149.

［68］Parker J L, Claesson P M, Attard P. Bubbles, cavities, and the long-ranged attraction between hydrophobic surfaces ［J］. Journal of Physical Chemistry, 1994, 98 （34）: 8468~8480.

［69］Lou S T, Ouyang Z Q, Zhang Y, et al. Nanobubbles on solid surface imaged by atomic force microscopy ［J］. Journal of Vacuum Science & Technology B Microelectronics & Nanometer Structures, 2000, 18 （5）: 2573~2575.

［70］Ishida N, Inoue T, Minoru M, et al. Nanobubbles on a hydrophobic surface in water observed by tapping-mode atomic force microscopy ［J］. Langmuir, 2000, 16 （16）: 6377~6380.

［71］Tyrrell J W, Attard P. Images of nanobubbles on hydrophobic surfaces and their interactions ［J］. Physical Review Letters, 2001, 87 （17）: 176104.

［72］Yang J, Duan J, Daniel F, et al. Very small bubble formation at the solid - water interface ［J］. Journal of Physical Chemistry B, 2003, 107 （107）: 6139~6147.

［73］Zhang L, Zhang Y, Zhang X, et al. Electrochemically controlled formation and growth of hydrogen nanobubbles ［J］. Langmuir, 2006, 22 （19）: 8109~8113.

［74］Yang S, Tsai P, Kooij E S, et al. Electrolytically generated nanobubbles on highly oriented pyrolytic graphite surfaces ［J］. Langmuir, 2009, 25 （3）: 1466~1474.

［75］Chen Q, Luo L, Faraji H, et al. White Henry S. Electrochemical measurements of single H_2

nanobubble nucleation and stability at Pt nanoelectrodes [J]. Journal of Physical Chemistry Letters, 2015, 5 (20): 3539~3544.

[76] Luo L, White H S. Electrogeneration of single nanobubbles at sub−50−nm−radius platinum nanodisk electrodes [J]. Langmuir, 2013, 29 (35): 11169~11175.

[77] German S R, Chen Q, Edwards M A, et al. Electrochemical measurement of hydrogen and nitrogen nanobubble lifetimes at Pt nanoelectrodes [J]. Journal of the Electrochemical Society, 2016, 163 (4): H3160~H3166.

[78] Chen Q, Wiedenroth H S, German S R, et al. Electrochemical nucleation of stable N_2 nanobubbles at Pt nanoelectrodes [J]. Journal of the American Chemical Society, 2015, 137 (37): 12064~12069.

[79] Ren H, German S R, Edwards M A, et al. Electrochemical generation of individual O_2 nanobubbles via H_2O_2 oxidation [J]. Journal of Physical Chemistry Letters, 2017, 8 (11): 2450~2454.

[80] German S R, Edwards M A, Chen Q, et al. Electrochemistry of single nanobubbles. Estimating the critical size of bubble−forming nuclei for gas−evolving electrode reactions [J]. Faraday Discussions, 2016, 193: 223~240.

[81] Shen G, Zhang X, Ye M, et al. Photocatalytic induction of nanobubbles on TiO_2 surfaces [J]. Journal of Physical Chemistry C, 2008, 112 (11): 4029~4032.

[82] Paxton W F, Kistler K C, Olmeda C C, et al. Catalytic nanomotors: autonomous movement of striped nanorods [J]. Angewandte Chemie, 2005, 117 (5): 744~746.

[83] Karpitschka S, Dietrich E, Seddon J R, et al. Nonintrusive optical visualization of surface nanobubbles [J]. Physical Review Letters, 2012, 109 (6): 066102.

[84] Palmer L A, Cookson D, Lamb R N. The relationship between nanobubbles and the hydrophobic force [J]. Langmuir the Acs Journal of Surfaces & Colloids, 2011, 27 (1): 144~147.

[85] Wang Y, Bhushan B. Boundary slip and nanobubble study in micro/nanofluidics using atomic force microscopy [J]. Soft Matter, 2009, 6 (1): 29~66.

[86] An H, Liu G, Atkin R, et al. Surface nanobubbles in nonaqueous media: Looking for nanobubbles in DMSO, formamide, propylene carbonate, ethylammonium nitrate, and propylammonium nitrate [J]. Acs Nano, 2015, 9 (7): 7596~7607.

[87] Lohse D, Zhang X. Surface nanobubbles and nanodroplets [J]. Reviews of Modern Physics, 2015, 87 (3): 981~1035.

[88] Chan C U, Ohl C D. Total−internal−reflection−fluorescence microscopy for the study of nanobubble dynamics [J]. Physical Review Letters, 2012, 109 (17): 174501.

[89] Zhang X H, Zhang X D, Lou S T, et al. Degassing and temperature effects on the formation of nanobubbles at the mica/water interface [J]. Langmuir, 2004, 20 (9): 3813~3815.

[90] Zhou L M, Wang S, Qiu J, et al. Interfacial nanobubbles produced by long−time preserved cold water [J]. Chinese Physics B, 2017, 26 (10): 395~403.

[91] Etchepare R, Azevedo A, Calgaroto S, et al. Removal of ferric hydroxide by flotation with micro and nanobubbles [J]. Separation & Purification Technology, 2017, 184 (31): 347~353.

[92] Melik−Gaikazyan V I, Titov V S, Emel'Yanova N P, et al. The influence of the capillary pres-

sure in nanobubbles on their attachment to particles during froth flotation: Part Ⅳ. Spreading nanobubbles as natural fractals [J]. Russian Journal of Non-Ferrous Metals, 2016, 57 (6): 521~528.

[93] Ohgaki K, Khanh N Q, Joden Y, et al. Physicochemical approach to nanobubble solutions [J]. Chemical Engineering Science, 2010, 65 (3): 1296~1300.

[94] Oliveira H, Azevedo A, Rubio J. Nanobubbles generation in a high-rate hydrodynamic cavitation tube [J]. Minerals Engineering, 2017, 116: 32~34.

[95] Kim J Y, Song M G, Kim J D. Zeta potential of nanobubbles generated by ultrasonication in aqueous alkyl polyglycoside Solutions [J]. Journal of Colloid & Interface Science, 2000, 223 (2): 285~291.

[96] Cho S H, Kim J Y, Chun J H, et al. Ultrasonic formation of nanobubbles and their zeta-potentials in aqueous electrolyte and surfactant solutions [J]. Colloids & Surfaces A Physicochemical & Engineering Aspects, 2005, 269 (1): 28~34.

[97] Oh S H, Kim J M. Generation and stability of bulk nanobubbles [J]. Langmuir, 2017, 33 (15): 3818~3823.

[98] Chan C U, Arora M, Ohl C D. Coalescence, growth, and stability of surface - attached nanobubbles [J]. Langmuir, 2015, 31 (25): 7041~7046.

[99] Seo D, German S R, Mega T L, et al. Phase state of interfacial nanobubbles [J]. Journal of Physical Chemistry C, 2015, 119 (25): 14262~14266.

[100] Shin D, Park J B, Kim Y J, et al. Growth dynamics and gas transport mechanism of nanobubbles in graphene liquid cells [J]. Nature Communications, 2015, 6: 6068.

[101] Huang T W, Liu S Y, Chuang Y J, et al. Dynamics of hydrogen nanobubbles in KLH protein solution studied with in situ wet-TEM [J]. Soft Matter, 2013, 9 (37): 8856~8861.

[102] Switkes M, Ruberti J W. Rapid cryofixation/freeze fracture for the study of nanobubbles at solid-liquid interfaces [J]. Applied Physics Letters, 2004, 84 (23): 4759~4761.

[103] Zhang X H. Quartz crystal microbalance study of the interfacial nanobubbles [J]. Physical Chemistry Chemical Physics, 2008, 10 (45): 6842~6848.

[104] Yang J, Duan J, Fornasiero D, et al. Kinetics of CO_2 nanobubble formation at the solid/water interface [J]. Physical Chemistry Chemical Physics, 2007, 9 (48): 6327~6332.

[105] Zhang X H, Khan A, Ducker W A. A nanoscale gas state [J]. Physical Review Letters, 2007, 98 (13): 136101.

[106] Zhang X H, Quinn A, Ducker W A. Nanobubbles at the interface between water and a hydrophobic solid [J]. Langmuir, 2008, 24 (9): 4756~4764.

[107] Zhang L, Zhao B, Xue L, et al. Imaging interfacial micro - and nano - bubbles by scanning transmission soft X-ray microscopy [J]. Journal of Synchrotron Radiation, 2013, 20 (3): 413~418.

[108] Pan G, He G, Zhang M, et al. Nanobubbles at hydrophilic particle - water interfaces [J]. Langmuir, 2016, 32 (43): 11133~11137.

[109] Roland S, Thomas G, Thomas H, et al. Nanobubbles and their precursor layer at the interface

of water against a hydrophobic substrate [J]. Langmuir, 2003, 19 (6): 2409~2418.

[110] Schwendel D, Hayashi T, Dahint R, et al. Interaction of water with self-assembled monolayers: Neutron reflectivity measurements of the water density in the interface region [J]. Langmuir, 2003, 19 (6): 2284~2293.

[111] Xiao W, Ke S, Quan N, et al. The role of nanobubbles in the precipitation and recovery of organic-phosphine-containing beneficiation wastewater [J]. Langmuir, 2018, 34 (21): 6217~6224.

[112] Qiu J, Zou Z, Wang S, et al. Formation and stability of bulk nanobubbles generated by ethanol-water exchange [J]. Chemphyschem, 2017, 18 (10): 1345~1350.

[113] Xing Y, Gui X, Cao Y. The hydrophobic force for bubble-particle attachment in flotation-a brief review [J]. Physical Chemistry Chemical Physics, 2017, 19 (36): 24421~24435.

[114] Etchepare R, Oliveira H, Nicknig M, et al. Nanobubbles: Generation using a multiphase pump, properties and features in flotation [J]. Minerals Engineering, 2017, 112: 19~26.

[115] Amaral F J, Azevedo A, Etchepare R, et al. Removal of sulfate ions by dissolved air flotation (DAF) following precipitation and flocculation [J]. International Journal of Mineral Processing, 2016, 149: 1~8.

[116] Zhou Z A, Xu Z, Finch J A, et al. Role of hydrodynamic cavitation in fine particle notation [J]. International Journal of Mineral Processing, 1997, 51 (97): 139~149.

[117] Sun W, Deng M, Hu Y. Fine particle aggregation and flotation behavior induced by high intensity conditioning of a CO_2 saturation slurry [J]. Mining Science and Technology, 2009, 19: 483~488.

[118] Xiong Y. Bubble Size Effects in coal flotation and phosphate reverse flotation using a Pico-nano Bubble Generator [J]. Dissertations & Theses-Gradworks, 2014.

[119] Zhao B, Song Y, Wang S, et al. Mechanical mapping of nanobubbles by PeakForce atomic force microscopy [J]. Soft Matter, 2013, 9 (37): 8837~8843.

[120] Zhao B, Wang X, Song Y, et al. Stiffness and evolution of interfacial micropancakes revealed by AFM quantitative nanomechanical imaging [J]. Physical Chemistry Chemical Physics, 2015, 17 (20): 13598~13605.

[121] Zhao B, Wang X, Wang S, et al. In situ measurement of contact angles and surface tensions of interfacial nanobubbles in ethanol aqueous solutions [J]. Soft Matter, 2016, 12 (14): 3303~3309.

[122] Filipe V, Hawe A, Jiskoot W. Critical evaluation of nanoparticle tracking analysis (NTA) by NanoSight for the measurement of nanoparticles and protein aggregates [J]. Pharmaceutical Research, 2010, 27 (5): 796~810.

[123] Xiao W, Fang C, Wang J, et al. The role of EDTA on rutile flotation using Al^{3+} ions as an activator [J]. Rsc Advances, 2018, 8 (9): 4872~4880.

[124] Fan X, Rowson N A. The effect of $Pb(NO_3)_2$ on ilmenite flotation [J]. Minerals Engineering, 2000, 13 (2): 205~215.

[125] Li F, Zhong H, Zhao G, et al. Adsorption of α-hydroxyoctyl phosphonic acid to ilmenite/wa-

ter interface and its application in flotation [J]. Colloids & Surfaces A Physicochemical & Engineering Aspects, 2015, 490: 67~73.

[126] Albrecht T W J, Addai-Mensah J, Fornasiero D. Critical copper concentration in sphalerite flotation: Effect of temperature and collector [J]. International Journal of Mineral Processing, 2016, 146: 15~22.

[127] Chandra A P, Puskar L, Simpson D J, et al. Copper and xanthate adsorption onto pyrite surfaces: Implications for mineral separation through flotation [J]. International Journal of Mineral Processing, 2012, 114~117 (8): 16~26.

[128] Han J, Liu W, Qin W, et al. Effects of sodium salts on the sulfidation of lead smelting slag [J]. Minerals Engineering, 2017, 108: 1~11.

[129] Luckay R, Cukrowski I, Mashishi J, et al. Synthesis, stability and structure of the complex of bismuth (Ⅲ) with the nitrogen-donor macrocycle1, 4, 7, 10-tetraazacyclododecane. The role of the lone pair on bismuth (Ⅲ) and lead (Ⅱ) in determiningco-ordination geometry [J]. Journal of the Chemical Society Dalton Transactions, 1997, 5 (5): 901~908.

[130] Gillespie R. J, Nyholm R. S. Q. Inorganic stereochemistry [J]. Quarterly Reviews Chemical Society, 1957, 11 (4): 339~380.

[131] Yang N, Sun H. Biocoordination chemistry of bismuth: Recent advances [J]. Coordination Chemistry Reviews, 2007, 251 (17~20): 2354~2366.

[132] Parks G. A. The isoelectric points of solid oxides, solid hydroxides, and aqueous hydroxo complex systems [J]. Chemical Reviews, 1965, 65 (2): 177~198.

[133] 徐龙华, 董发勤, 巫侯琴, 等. 油酸钠浮选锂辉石的作用机理研究 [J]. 矿物学报, 2013, 33 (2): 181~184.

[134] Chen P, Zhai J, Sun W, et al. The activation mechanism of lead ions in the flotation of ilmenite using sodium oleate as a collector [J]. Minerals Engineering, 2017, 111: 100~107.

[135] Chen P, Zhai J, Sun W, et al. Adsorption mechanism of lead ions at ilmenite/water interface and its influence on ilmenite flotability [J]. Journal of Industrial and Engineering Chemistry, 2017, 53: 285~293.

[136] Mehdilo A, Irannajad M, Rezai B. Effect of crystal chemistry and surface properties on ilmenite flotation behavior [J]. International Journal of Mineral Processing, 2015, 137: 71~81.

[137] Fuerstenau D W, Shibata J. On using electrokinetics to interpret the flotation and interfacial behavior of manganese dioxide [J]. International Journal of Mineral Processing, 1999, 57 (3): 205~217.

[138] Paiva P R P, Monte M B M, Simão R A, et al. In situ AFM study of potassium oleate adsorption and calcium precipitate formation on an apatite surface [J]. Minerals Engineering, 2011, 24 (5): 387~395.

[139] Liu G, Xiao J, Liu J, et al. In situ probing the self-assembly of 3-hexyl-4-amino-1, 2, 4-triazole-5-thione on chalcopyrite surfaces [J]. Colloids and Surfaces a-Physicochemical and Engineering Aspects, 2016, 511: 285~293.

[140] Zeng H, Shi C, Huang J, et al. Recent experimental advances on hydrophobic interactions at

solid/water and fluid/water interfaces [J]. Biointerphases, 2016, 11 (1), 018903.

[141] 罗琳. 微细粒氧化铅锌矿复合活化疏水聚团浮选分离新工艺 [J]. 国外金属矿选矿, 2000 (12): 7~9.

[142] 范桂侠. 钛铁矿絮团浮选的界面调控研究 [D]. 徐州: 中国矿业大学, 2015.

[143] 朱阳戈. 微细粒钛铁矿浮选理论与技术研究 [D]. 长沙: 中南大学, 2011.

[144] Liu W, Zhang S, Wang W, et al. The effects of Ca (Ⅱ) and Mg (Ⅱ) ions on the flotation of spodumene using NaOL [J]. Minerals Engineering, 2015, 79: 40~46.

[145] Fornasiero D, Ralston J. Cu (Ⅱ) and Ni (Ⅱ) activation in the flotation of quartz, lizardite and chlorite [J]. International Journal of Mineral Processing, 2005, 76 (1~2): 75~81.

[146] Bagwasi S, Niu Y, Nasir M, et al. The study of visible light active bismuth modified nitrogen doped titanium dioxide photocatlysts: Role of bismuth [J]. Applied Surface Science, 2013, 264: 139~147.

[147] Anitha B, Khadar M. A. Dopant concentration dependent magnetism of Cu-doped TiO_2 nanocrystals [J]. Journal of Nanoparticle Research, 2016, 18 (6): 149.

[148] Mikhailova D, Karakulina O M, Batuk D, et al. Layered-to-tunnel structure transformation and oxygen redox chemistry in $LiRhO_2$ upon Li extraction and insertion [J]. Inorganic Chemistry, 2016, 55 (14): 7079~7089.

[149] Halpegamage S, Wen Z, Gong X, et al. Monolayer intermixed oxide surfaces: Fe, Ni, Cr, and V oxides on rutile TiO_2 (011) [J]. Journal of Physical Chemistry C, 2016, 120 (27): 14782~14794.

[150] Bakhshayesh A M, Bakhshayesh N. Facile one-pot synthesis of uniform niobium-doped titanium dioxide microparticles for nanostructured dye-sensitized solar cells [J]. Journal of Electroceramics, 2016, 36 (1~4): 112~121.

[151] Casella I G, Contursi M. Characterization of bismuth adatom-modified palladium electrodes: The electrocatalytic oxidation of aliphatic aldehydes in alkaline solutions [J]. Electrochimica Acta, 2006, 52 (2): 649~657.

[152] 王军, 程宏伟, 刘贝, 等. 枣阳大阜山原生金红石矿脱泥试验研究 [J]. 有色金属 (选矿部分), 2014 (4): 53~56.

[153] 王军, 刘贝, 程宏伟, 等. 枣阳低品位复杂金红石矿的浮选分离及与辛基羟肟酸相互作用机理 [J/OL]. 中国科技论文在线, 2015, http://www.paper.edu.cn/releasepaper/content/201503-339.

[154] Zhao H, Wang J. Review on mineral processing technology of rutile in china [J/OL]. 中国科技论文在线, 2013. http://www.paper.edu.cn/index.php/default/en_releaspaper/downpaper/201301-1119.

[155] Calgaroto S, Azevedo A, Rubio J. Flotation of quartz particles assisted by nanobubbles [J]. International Journal of Mineral Processing, 2015, 137: 64~70.

[156] Zhou W, Chen H, Ou L, et al. Aggregation of ultra-fine scheelite particles induced by hydrodynamic cavitation [J]. International Journal of Mineral Processing, 2016, 157: 236~240.

[157] Melik-Gaikazyan V I, Emel'yanova N P, Dolzhenkov D V. Effect of capillary pressure in

nanobubbles on their adhesion to particles under foam flotation. Part 3 [J]. Russian Journal of Non-Ferrous Metals, 2014, 55 (4): 309~317.

[158] Zhang X H, Zhang X D, Sun J L. Detection of novel gaseous at the Highly Oriented Pyrolytic Graphite-water interface [J]. Langmuir, 2018, 23: 1778~1783.

[159] Jin F, Li J, Ye X, et al. Effects of pH and ionic strength on the stability of nanobubbles in a-queous solutions of alpha-cyclodextrin [J]. Journal of Physical Chemistry B, 2007, 111 (40): 11745~11749.

[160] Hernandez C, Nieves L, Leon Al C. De, et al. Role of surface tension in gas nanobubble stability under ultrasound [J]. Acs Applied Materials & Interfaces, 2018, 10 (12), 9949~9956.

[161] Eygi M S, Ateşok G. An investigation on utilization of poly-electrolytes as dispersant for kaolin slurry and its slip casting properties [J]. Ceramics International, 2008, 34 (8): 1903~1908.

[162] Bunkin N F, Shkirin A V. Nanobubble clusters of dissolved gas in aqueous solutions of electrolyte. II. Theoretical interpretation [J]. Journal of Chemical Physics, 2012, 137 (5): 054707.

[163] Bunkin N F, Shkirin A V, Ignatiev P S, et al. Nanobubble clusters of dissolved gas in aqueous solutions of electrolyte. II. Experimental proof [J]. Journal of Chemical Physics, 2012, 137 (5): 054706.

[164] Bandulasena H C H, Butler S, Tesar V, et al. Microbubble generation [J]. Recent Patents on Engineering, 2008, 2 (1): 1~8.

[165] Maeda S. Measurements of ultrafine bubbles using different types of particle size measuring instruments [C]. In: Proceedings of the International Conference on Optical Particle Characterization, 2014. 92320U.

[166] Zhang M, Seddon J R T. Nanobubble-nanoparticle interactions in bulk solutions [J]. Langmuir, 2016, 32 (43): 11280~11286.

[167] Zhou Z A, Xu Z, Finch J A, et al. On the role of cavitation in particle collection in flotation-A critical review. II [J]. Minerals Engineering, 2009, 22 (5): 419~433.

[168] Yount D E, Kunkle T D. Gas nucleation in the vicinity of solid hydrophobic spheres [J]. Journal of Applied Physics, 1975, 46 (10): 4484~4486.

[169] Jackson M L. Energy Effects in Bubble Nucleation [J]. Industrial & Engineering Chemistry Research, 1994, 33 (4): 929~933.

[170] Seddon J R, Kooij E S, Poelsema B, et al. Surface bubble nucleation stability [J]. Physical Review Letters, 2011, 106 (5): 262~269.

[171] Oh S H, Kim J M. Generation and stability of bulk nanobubbles [J]. Langmuir, 2017, 33 (15): 3818~3823.

[172] Guo W, Shan H, Guan M, et al. Investigation on nanobubbles on graphite substrate produced by the water-NaCl solution replacement [J]. Surface Science, 2012, 606 (17~18): 1462~1466.

[173] Tuziuti T, Yasui K, Kanematsu W. Influence of increase in static pressure on bulk nanobubbles [J]. Ultrasonics Sonochemistry, 2017, 38: 347~350.

[174] Zhang X H, Li G, Maeda N, et al. Removal of induced nanobubbles from water/graphite in-

terfaces by partial degassing [J]. Langmuir, 2006, 22 (22): 9238~9243.

[175] Berkelaar R P, Dietrich E, Kip G A, et al. Exposing nanobubble-like objects to a degassed environment [J]. Soft Matter, 2014, 10 (27): 4947~4955.

[176] Kikuchi K, Ioka A, Oku T, et al. Concentration determination of oxygen nanobubbles in electrolyzed water [J]. Journal of Colloid & Interface Science, 2009, 329 (2): 306~309.

[177] Ushikubo F Y, Furukawa T, Nakagawa R, et al. Evidence of the existence and the stability of nano-bubbles in water [J]. Colloids and Surfaces A: Physicochemical and Engineering Aspects, 2010, 361 (1~3): 31~37.

[178] Chaplin M. Water structure and science [J]. Aptarimas Vanduo, 2015, http://www1.lsbu.ac.uk/water/.

[179] Weijs J. H, Seddon J. R. T, Lohse Detlef. Diffusive shielding stabilizes bulk nanobubble clusters [J]. Chemphyschem, 2012, 13 (8): 2197~2204.

[180] Nirmalkar N, Pacek A W, Barigou M. On the existence and stability of bulk nanobubbles [J]. Langmuir, 2018, 34 (37), 10964~10973.

[181] Gascoin N, Manescau B, Akridiss S, et al. Solubility of nitrogen into jet fuel [J]. Industrial & Engineering Chemistry Research, 2018, 57 (7): 2441~2448.

[182] Lavenson D M, Kelkar A V, Daniel A B, et al. Gas Evolution Rates-A critical uncertainty in challenged gas-liquid separations [J]. Journal of Petroleum Science & Engineering, 2016, 147: 816~828.

[183] Zhou S, Yan H, Su D, et al. Investigation on the kinetics of carbon dioxide hydrate formation using flow loop testing [J]. Journal of Natural Gas Science & Engineering, 2018, 49: 385~392.

[184] Phukan A, Goswami K S, Bhuyan P J. Potential formation in a collisionless plasma produced in an open magnetic field in presence of volume negative ion source [J]. Physics of Plasmas, 2014, 73 (21): 084504.

[185] Xiao W, Jiao F, Zhao H B, et al. Adsorption structure and mechanism of styryl phosphoric acid at the rutile-water interface [J]. Minerals, 2018, 8 (8): 14.

[186] Huang X, Xiao W, Zhao H, et al. Hydrophobic flocculation flotation of rutile fines in presence of styryl phosphonic acid [J]. Transactions of Nonferrous Metals Society of China, 2018, 28 (7): 1424~1432.

[187] Wang L, Pan G, Shi W, et al. Manipulating nutrient limitation using modified local soils: A case study at Lake Taihu (China) [J]. Water Research, 2016, 101: 25~35.

[188] Conley D J, Paerl H W, Howarth R W, et al. ECOLOGY Controlling eutrophication: Nitrogen and phosphorus [J]. Science, 2009, 323 (5917): 1014~1015.

[189] Basiglini E, Pintore M, Forni C. Effects of treated industrial wastewaters and temperatures on growth and enzymatic activities of duckweed (Lemna minor L.) [J]. Ecotoxicology and environmental safety, 2018, 153: 54~59.

[190] Huang X, Feng M, Ni C, et al. Enhancement of nitrogen and phosphorus removal in landscape water using polymeric ferric sulfate as well as the synergistic effect of four kinds of natural rocks as promoter [J]. Environmental science and pollution research international,

2018, 25 (13): 12859~12867.

[191] Abel-Denee M, Abbott T, Eskicioglu C. Using mass struvite precipitation to remove recalcitrant nutrients and micropollutants from anaerobic digestion dewatering centrate [J]. Water Research, 2018, 132: 292~300.

[192] Calgaroto S, Azevedo A, Rubio J. Separation of amine-insoluble species by flotation with nano and microbubbles [J]. Minerals Engineering, 2016, 89: 24~29.

[193] Visa A, Maranescu B, Bucur A, et al. Synthesis and characterization of a novel phosphonate metal organic framework starting from copper salts [J]. Phosphorus Sulfur & Silicon & the Related Elements, 2014, 189 (5): 630~639.

[194] Qin W, Wang X, Ma L, et al. Electrochemical characteristics and collectorless flotation behavior of galena: With and without the presence of pyrite [J]. Minerals Engineering, 2015, 74: 99~104.

[195] Sobhy A, Tao D. Nanobubble column flotation of fine coal particles and associated fundamentals [J]. International Journal of Mineral Processing, 2013, 124: 109~116.

[196] Etchepare R, Azevedo A, Calgaroto S, et al. Removal of ferric hydroxide by flotation with micro and nanobubbles [J]. Separation and Purification Technology, 2017, 184: 347~353.

[197] Wang L, Wang X, Wang L, et al. Formation of surface nanobubbles on nanostructured substrates [J]. Nanoscale, 2017, 9 (3): 1078~1086.

[198] Wang H, An H, Zhang F, et al. Study of substrate-directed ordering of long double-stranded DNA molecules on bare highly oriented pyrolytic graphite surface based on atomic force microscopy relocation imaging [J]. Journal of Vacuum Science & Technology B, 2008, 26 (5): 41~44.

[199] Wang X, Zhao B, Hu J, et al. Interfacial gas nanobubbles or oil nanodroplets? [J]. Physical Chemistry Chemical Physics, 2017, 19 (2): 1108~1114.

[200] Jin Q, Lin C, Kang S, et al. Superhydrophobic silica nanoparticles as ultrasound contrast agents [J]. Ultrasonics Sonochemistry, 2017, 36: 262~269.

[201] Sun Y, Xie G, Peng Y, et al. Stability theories of nanobubbles at solid-liquid interface: A review [J]. Colloids and Surfaces a-Physicochemical and Engineering Aspects, 2016, 495: 176~186.

[202] Luttrell G H. The effect of bubble size on fine particle flotation [J]. Mineral Processing & Extractive Metallurgy Review, 1989, 5 (1~4): 101~122.

[203] Nguyen A V, Schulze H J, Nguyen A V, et al. Colloidal science of flotation [J]. Colloidal Science of Flotation, 2004, 118: 1~850.

[204] Schubert H. Nanobubbles, hydrophobic effect, heterocoagulation and hydrodynamics in flotation [J]. International Journal of Mineral Processing, 2005, 78 (1): 11~21.

[205] Chen C J, Huang J R, Hwang I S, et al. Effect of degassing on the aggregation of carbon nanotubes dispersed in water [J]. Epl, 2017, 120 (1): 16004.

冶金工业出版社部分图书推荐